U0201103

卤味大全

戈非 主编

中国华侨出版社
·北京·

图书在版编目（CIP）数据

卤味大全 / 戈非主编. —北京：中国华侨出版社，2013.11（2020.8重印）
ISBN 978-7-5113-4229-4

Ⅰ.①卤… Ⅱ.①戈… Ⅲ.①凉菜—菜谱 Ⅳ.①TS972.121

中国版本图书馆CIP数据核字（2013）第262494号

卤味大全

主　　编：戈　非
责任编辑：高文喆
封面设计：冬　凡
文字编辑：郝秀花
美术编辑：张　诚
图片提供：www.quanjing.com
经　　销：新华书店
开　　本：720mm×1020mm　　1/16　　印张：13　　字数：188千字
印　　刷：三河市万龙印装有限公司
版　　次：2014年1月第1版　　2021年9月第8次印刷
书　　号：ISBN 978-7-5113-4229-4
定　　价：52.00元

中国华侨出版社　北京市朝阳区西坝河东里77号楼底商5号　邮编：100028
法律顾问：陈鹰律师事务所
发 行 部：（010）88893001　　　　传　真：（010）62707370
网　　址：www.oveaschin.com　　　E-mail：oveaschin@sina.com

如果发现印装质量问题，影响阅读，请与印刷厂联系调换。

中华美食的烹饪技术，历来以历史悠久、营养丰富、变化多样且运用灵活而闻名于世，卤味便是其中之一。

卤，是我国特有的制作凉菜的一种烹调方法，就是按照一定的配方，选择最佳的调味方法制成卤汤(也称卤水)，将原料放入卤汤中煮熟或浸渍，使卤汁的香鲜滋味渗透入内成菜的烹调方法。卤味品种繁多，在国内外均享有很高的声誉。

卤味菜是相当受欢迎的传统风味菜，它的迷人之处在于香浓爽口，有诱人的香气、润腴的色泽，不论拿来佐餐还是下酒，都是极佳的选择。八角、花椒、桂皮、茴香、草果……多种香料熬制成香醇鲜美的卤汁，进而变化出各式各样的卤味，醇厚宜人，润而不腻。卤味不仅以诱人的香气和滋味博得众人的青睐，还因做法简单、携带方便和容易储存等优点而广受人们的喜爱。且只要把握卤汁的保存技巧就可持续利用，或将各种食材放入卤汁中稍一加工，就能变成可口美味的佳肴。香软柔嫩的猪肉、美味的肥鹅嫩鸡等，在细火慢炖的照料下，经一层层费心地慢卤后，在特制的浓郁卤汁中，流露出皮滑肉香的好滋味，成为聊天娱乐时的最佳零嘴、下酒佐餐的经典小菜，让馨香味充盈满室。

卤菜的特点是：取材方便，原料广泛，肉类、禽类、山珍、豆制品、蔬菜等均可作为卤菜的原材料；卤菜制作简单、省时省力，只要制作好卤水，就可卤制各种菜肴；食用方便，要吃时，取出卤好的菜切片或剁块，既可热吃，又可凉食或拌炒；卤菜既美味可口，还具有一定的保健作用，经常食用大有裨益。

卤味看起来简单好做，但要想做出可口的风味，不管是卤味的基本卤制方式，还是卤料、卤包和食材的挑选，都需要讲究一定的技巧的。因为在卤制时，假如卤水的配方不正确、不懂不同食材的卤制诀窍，即使卤制很久，食材也不会入味。

为了让读者迅速掌握卤味的制作方法和诀窍，我们推出了这本《卤味大全》。本书提供了各种卤汁秘方，包含了多种家常菜食材，教你自己在家轻松做卤味，卤出各式香醇爽口的小菜。本书详述了做卤味的制作程序、操作要领、注意事项和制作方法，并介绍了糟香卤水、豉油卤水、精卤水、酒香卤水、白切卤水、川味卤水等常用卤水的制作和保存方法。本书按照畜肉、禽肉、水产、蔬菜等食材进行分类，详细介绍了各种不同食材的卤制方法和诀窍，并延伸介绍了对卤制品进行再加工而成的数十道简便而具有独特风味的家常菜肴。书中列出了每道食物所需的材料、调料以及详细的烹饪步骤，科学、专业的食物专题讲解，营养、可口的经典菜例，步进式的图文解说，教你用香喷喷的卤汁变化出令人胃口大开的美味佳肴！

香醇鲜美的卤汁，家常的食材，变化出各式各样的卤味，集结了中国人的饮食智慧！本书将各种经典卤味一网打尽，教你卤出一锅十里飘香的好滋味，让全家人能经常享受卤制品的诱人滋味，吃得开心，吃出健康。

第一篇 自己动手做卤味

卤味概述 ………………… 002
卤味料头的处理 ………… 003
如何保存卤汁 …………… 004
常用的卤味原料 ………… 006
卤味制作程序 …………… 009
制作卤味的操作要领 …… 010
制作卤味的注意事项 …… 011
常见的卤味制作方法 …… 013
常用香料介绍 …………… 015

第二篇 常用卤水的制作

糟香卤水 ………………… 018
豉油卤水 ………………… 020
精卤水 …………………… 022
酒香卤水 ………………… 024
白切卤水 ………………… 026
川味卤水 ………………… 028

第三篇 畜 肉 篇

卤五花肉 ………………… 030
五花肉炒辣白菜 ………… 032
泡菜五花肉 ……………… 032
青椒回锅肉 ……………… 033
卜豆角回锅肉 …………… 033
猪皮冻 …………………… 034
卤猪皮 …………………… 036
香辣猪皮 ………………… 038
韭菜花炒猪皮 …………… 038
莴笋炒猪皮 ……………… 039
青红椒炒猪皮 …………… 039
卤排骨 …………………… 040
卤猪舌 …………………… 042
腊八豆拌猪舌 …………… 044
酱烧猪舌 ………………… 044
香炒卤猪舌 ……………… 045
大葱炒猪舌 ……………… 045
香辣猪耳朵 ……………… 046
辣炒猪耳 ………………… 048
野山椒炒猪耳 …………… 048
香干拌猪耳 ……………… 049
蒜香猪耳 ………………… 049
香辣猪脚 ………………… 050
酱卤猪脚 ………………… 052
白切猪脚 ………………… 054
卤猪肘 …………………… 056
洋葱炒卤猪肘 …………… 058
小炒回锅猪肘 …………… 058
辣椒炒猪肘 ……………… 059
咖喱猪肘 ………………… 059
白切猪尾 ………………… 060
卤水猪尾 ………………… 062
尖椒炒猪尾 ……………… 064
小土豆烧猪尾 …………… 064
红焖猪尾 ………………… 065
黄豆焖猪尾 ……………… 065
卤水肠头 ………………… 066
卤水猪肠 ………………… 068
白切大肠 ………………… 070
卤猪小肚 ………………… 072
尖椒炒猪肚 ……………… 074
苦瓜炒猪肚 ……………… 074
咸菜猪肚 ………………… 075
酸豆角炒猪肚 …………… 075
精卤牛肉 ………………… 076
卤水牛心 ………………… 078
卤水牛肚 ………………… 080
卤水牛舌 ………………… 082
卤水牛蹄筋 ……………… 084
辣炒蹄筋 ………………… 086
凉拌卤牛筋 ……………… 086
葱烧牛蹄筋 ……………… 087

目录
Contents

辣味牛蹄筋..................087
卤羊肉......................088
香辣卤羊肉..................090

回锅羊肉片..................092
辣拌羊肉....................092

第四篇 禽肉篇

卤水鸡......................094
香辣孜然鸡..................096
农家尖椒鸡..................096
干椒爆仔鸡..................097
杭椒小炒鸡..................097
卤鸡腿......................098
卤鸡翅......................100
卤鸡翅尖....................102
卤鸡架......................104
卤凤爪......................106
卤鸡杂......................108
春笋炒鸡胗..................110
泡椒鸡胗....................110
酸萝卜炒鸡胗................111
芹菜炒鸡杂..................111
五香茶叶蛋..................112

卤水鸭......................114
卤鸭腿......................116
卤水鸭头....................118
香辣鸭头....................120
卤水鸭翅....................122
卤鸭掌......................124
卤鸭脖......................126
卤鸭肝......................128
卤鸭胗......................130
白切鸭胗....................132
卤水鸭肠....................134
白切鸽子....................136
川味卤乳鸽..................138
豉油皇鸽....................140
泡椒乳鸽....................142
香辣炒乳鸽..................142

第五篇 水产篇

卤水鱿鱼....................144
酒香大虾....................146
糟香秋刀鱼..................148
糟卤田螺....................150

辣卤田螺....................152
香辣田螺....................154
口味田螺....................154

第六篇 蔬菜篇

卤汁茄子....................156
卤胡萝卜....................158
卤水白萝卜..................160
卤水藕片....................162
卤土豆......................164
卤芋头......................166
卤花菜......................168
卤西蓝花....................170
卤花生......................172
卤海带......................174
辣卤毛豆....................176

卤蚕豆......................178
卤豆角......................180
卤扁豆......................182
香卤豆干....................184
卤腐竹......................186
辣卤豆筋....................188
卤豆腐皮....................190
香卤素鸡....................192
卤香菇......................194
卤杏鲍菇....................196
卤木耳......................198

第一篇

自己动手做卤味

　　卤味，是指将初步加工和焯水处理后的原料放在配好的卤汁中煮制而成的菜肴，既可以当作主菜，也可作为佐酒佳肴。具体来说，是把加工处理的大块或整块原料，放入已多次使用的卤汁中，加热煮熟，使卤汁的香鲜滋味渗透入内成菜。本章将详细讲述与此有关的常识，方便大家自己在家做卤味。

卤味概述

◎卤，就是将原料置于配好的卤汁中煮制，以增加食物香味和色泽的一种热制冷菜的烹饪方法，它也是冷菜制作中使用最广泛的一种烹调方法。

卤味食品的特点

色味俱全，可口宜人

卤汁皆由多种香料配制，不同的卤汁味道自然不同，它们又因不同的卤料而具备不同的味道、色泽，故而色味共存，可口宜人。

制作简单，易于存放

卤味食品取材于各地的不同材料，遵照一般的制作过程（选料、初加工、生料配制、入锅煮制、出锅冷却、改刀装盘、上桌），可以说是简单至极，没有太多技术含量。而且，卤制品经过卤制过程而变冷，加上菜式单一，易于存放。

取材广泛，品种多样

卤味取材较广，动物、植物、海味、野味等，都可入料，因而制出的产品也就多样化了。

卤汁介绍

卤汁的配置，按地域有南、北之别，

南卤鲜香微甜，北卤酱香浓郁，分别代表了南北方的口味特色；按调料的颜色分，则有红、白之别，红卤的配方是沸水、酱油、盐、八角、甘草、桂皮、花椒、丁香、姜、葱、冰糖或白糖、绍酒；白卤的配方和红卤相似，只是用盐量略有增加，不加酱油和糖。

北方的卤汁一般为红卤，很多地区在卤汁中添加红曲或糖色来调色，酱油的用量比白卤多，盐的用量比白卤多。有些人配置卤汁时以茶叶、咖喱粉、OK汁等调料为主，又形成了许多新风味的卤汁。

经过数次使用的卤汁俗称老汤，即老卤。卤制品的风味质量以用老卤为佳，而老卤又以烹制过多次和多种原料的为佳。如果用多次烹制过鸡肉和猪肉的老汤卤制，卤制品的味道绝佳，故人们常将"百年老汤"视为珍品。

卤味料头的处理

◎卤水的料头通常是指用于做卤水的香料，也是我们通常所用的大料。制作卤水时，选用合适的料头能让卤汁更美味。

卤水一般有四个组成部分：清水、药材包、调味料、料头。其中，药材包就是装在一起的各种调味香料，有许多香料在中医里都可做药用；料头即葱、姜、蒜、芹菜这类有香辛味的蔬菜，它们可以使汤汁味道更加香浓，让人胃口大开。

卤水需要保存下来，并且不断更新、使用才能有好的质量，所以我们一定要了解哪些东西会导致卤水变质。

药材包不用质疑，它们大部分都是抗氧

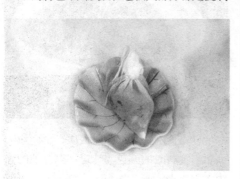

食材，本身就具有很好的防腐功能。而卤制品调味料的选择，也可尽量排除一些易于变质的材料，如酱料。除此之外，需要注意的就是料头了。

料头在制作卤水的过程中是必须放的，就如炒菜一样，姜、葱、蒜会很好地提升菜品的香气。但料头通常水分比较多，材质也软，处理不好就很容易引起卤水变质。

通常使用的料头有：姜、大蒜、芹菜、洋葱、大葱、香菜、独子蒜、红干

葱等，其中芹菜与香菜最容易使卤水变质，所以，我们在料头的处理上要注意以下几点：

（1）首先，料头要清洗干净处理好，切段或压扁后再用独立的一个纱袋将其装好；

（2）用油把处理好的料头稍炸。这个步骤除了增香，还可以排掉一部分水分；

（3）把料头上的叶子尽量去掉，只留梗部，叶子很容易被泡烂；

（4）最关键之处在于，不能把料头停留

在卤水中太长时间，一般出味后即从卤锅里拿走，特别是留有叶子的料头。

如何保存卤汁

◎一般未用完的旧卤汁，只要按原比例加入适量的新卤汁，就能反复使用。而且如果保存得当，味道就会越陈越香。这种反复使用的陈年卤汁，就是"老卤"。但是，老卤该如何添加新卤汁，才能使卤味更好呢？如何保存才不会变质？

精选原料，初步加工

卤汁制作的原材料会直接影响卤汁的质量。因此，制作卤汁之前，要对所有原料进行仔细的挑选和初加工。清洗、切除、焯水、除污、去杂质等，都要一一做好。

保持卤汁的味、色稳定

新卤水出来后不能立即盖上锅盖，如果有个别制品需要加盖的，可分一些卤水到别的锅里处理。卤汁在每次的使用过程中，味道和颜色都会相应地减少和淡化，多次使用则更是如此。所以，为了保持卤汁好的质量，应根据具体使用状况，从色、香、味三方面入手，加入适量的调味品和水，对卤汁进行适量补充。如果某一天发觉卤水的味道变得特别好，那就给卤水"备份"。把卤水烧至刚开，过滤一遍，然后放凉到常温状态，可用两个瓶子装好放在急冻室里，这就是"老卤"了。如果卤水突然变质，那么新调制一份卤

水，再加入"老卤"，最好的味道很快就可以出来了。

需要保存卤汁时先过滤

老卤汁在卤过食材之后，应该先滤除食材和配料，再仔细捞出卤汁表面的浮沫和油脂，并用纱布过滤，除去杂质。这样

才可以避免卤汁在保存时变质，从而影响下次卤食材时的颜色与味道。对浑浊的卤汁，用小火烧开，加入肉或血水清汤，清理后去浮沫，过滤一下。

保存卤汁前先煮沸

卤汁过滤好要先煮沸，冷却至室温再放入冰箱。冷却过程中也要注意，不要加生水或是其他生的食材，以免卤汁容易败坏。也不能接触到生水或者油，不能搅动卤水，只需要开盖静放即可。经常使用的卤汁，可以早晚将卤汁各煮沸一次，以达

到保存的目的，放置于阴凉干燥处放凉。不可将卤汤放于地上，因为卤汁吸取地气就会容易坏掉。春、冬季可每天或隔天1次煮沸，夏、秋季每天1次或2次。再次使用卤水时，要先用勺子顺时针慢慢搅动，然后将其烧到刚开，即调到最小火，不能让其大滚。

正确的贮藏方法

卤水放置的位置要求通风透气，而且旁边不能有火炉，或者放在忽冷忽热的环境。放置卤水时需要将其架起，保持卤水桶底部空气流通，远离地气。

若长时间不使用卤汁，可以将卤汁分成多份，放进冷冻库中冰冻起来。等到下次要使用时再退冰，然后增味煮沸即可。置于冰箱冷藏也可以，不过冷藏时间不宜过久，一般可放置2～3天。无论是哪一种保存方法，都记得要盖上锅盖，不要在保存期间搅动卤汁，贮藏时最好改装成陶器

或瓷器，不能用锡、铝、铜等金属器皿。否则卤水会在金属器皿中发生化学反应，影响卤汁质量。盛装卤汁前，要把器皿洗净，晾干，装入后加盖盖好，放在阴凉干燥处，或放在冷库中。罩盖要透气，不可用木盖、铁盖，同时，要防止水汽之类渗入卤汁内。

特殊卤制品要分锅卤

豆类制品是属于酸性的食材，容易使卤汁酸败，所以在卤豆制品时，可以从老卤中分一些卤汁注入另一锅中，单独炖卤豆制品食材，例如豆干、素鸡等。要注意，卤过豆类的卤汁切不可倒回老卤中，不然会使老卤变质，分锅就毫无意义了。另外，腥膻味比较重的食材，如羊肉、牛肉、内脏等，最好也依此方法炖煮。如果是商业化制作卤水，煮汤的汤桶要用加厚型不锈钢桶，购买一个厚的不锈钢桶即可，不能用铝的，也不要太薄。

常用的卤味原料

◎要使菜式的色、香、味、形俱全，除了在制作方面有精湛的技术之外，还要选用优质上乘的原料，这也是做好一道菜的基础。

畜肉类

猪肉

猪肉是人们常吃的主要肉类，也是很好的营养滋补品。卤制猪肉，用肥瘦比例恰当的五花肉和后腿肉再好不过，不过这两种肉需要长时间卤煮。

最受广大群众喜爱的蹄髈、猪蹄等，皮层丰富，但是腥气较重，所以要先氽烫或过油，再用辛香料及酒来去腥增香。也可以在烹制中加入可乐，利用其中的小苏打来软化肉质，这样做还有去油功效。

代表菜：白云猪手、卤猪肘。

羊肉

羊肉也是家庭日常食用的肉品，营养丰富。挑选羊肉时，应注意肉色要鲜红而且均匀、有光泽，肉细而紧密。外表略干、有弹性、不粘手，气味新鲜。羊肉的腥膻气味非常重，所以要用香料去腥膻，卤制是最适合的了。

代表菜：白水羊肉、香辣卤羊肉。

牛肉

牛肉卤制时选择无筋不肥的瘦肉为佳，如肩胛、牛腩、牛腱子等。由于牛肉血水较多、腥气较重，烹调前先氽烫可以去除大半。卤制时可选用重口味的辛香料，如草果或者酒，有利于去腥增香。卤前先用酱油、酒及香料腌渍入味更好。

代表菜：湘卤牛肉、精卤牛筋。

禽蛋类

鸡肉

鸡肉质地鲜嫩，为避免肉质变得老硬，宜选择短时间卤煮。可选择羽毛紧致油润、眼神灵活、鸡冠鲜红挺直、脚爪壮

实、行动自如的鸡。通常可将鸡先斩切成小块，先腌制再略煎，以缩短卤制的时间，同时有助于入味。还可以用全鸡下锅卤制，大火煮后再用余温将鸡肉焖熟，取出切块，确保肉质鲜美。

代表菜：卤鸡架、白切鸡。

鸭肉

新鲜鸭肉体形为扁圆形，腿部肌肉结实，呈乳白色，无霉腥味。鸭肉纤维较粗，不易入味，须用盐及香料腌制，烫熟后再浸泡在卤汁中，才能卤出美味的鸭肉。鸭翅、鸭舌、鸭掌等，一般加热时间较长，要小心控制火候，以求卤味上色，油亮光泽。

代表菜：卤水鸭翅、麻辣卤鸭脖。

鹅肉

购买时应选白鹅，一般以翅膀下多肉，尾部肉多柔软、表皮光泽、肉色鲜

红、血水不会渗出太多的为佳。

代表菜：白切鹅。

鸽肉

鸽肉不但营养丰富，还有一定的保健功效，能防治多种疾病。优质的鸽肉肌肉有光泽，脂肪洁白；劣质的鸽肉肌肉颜色

稍暗，脂肪也缺乏光泽。

代表菜：川味卤乳鸽、白切鸽子。

蛋类

蛋的营养丰富、价格低廉，还可以制作成很多种美味食品，所以自古即被视为营养补给的最佳来源。选购蛋类时要买蛋壳完整、洁净、粗糙的，这类蛋比较新鲜，而且较少被细菌污染。

代表菜：五香茶叶蛋、五香鹌鹑蛋。

⊕ 内脏类

动物内脏的特殊口感一直备受众"吃货"们的喜爱，不过因内脏血水较多、腥气

重，处理时应洗净后再汆烫去腥。白卤时可加点花椒、丁香，或利用酒酿来增加香味，让人食欲大开。

代表菜：卤水牛心、卤水鸭肠、卤鸡肝。

⊘海鲜类

有外壳的甜美的海鲜，最适合短时间烫煮再加以卤制了，这样才能品尝其原有的鲜嫩香浓。鱿鱼等软体动物类的海鲜，则可以余烫后浸泡于卤汁中，以免卤煮使肉质老硬，失去口感。

代表菜：卤水鱿鱼。

⊘素菜类

蔬菜类

很多人认为，蔬菜易烂所以不适合卤，其实可用卤肉剩下的红卤汁分一些盛在小锅里，将洗净的蔬菜放进去，用大火滚一下，捞起即可。不过香料应少放，以免掩盖蔬菜本身的清香味。

质地较硬的蔬菜，卤煮的时间要久一些，可增添卤味的香气。

代表菜：卤水藕片、卤花菜、糟香辣椒、糟香莴笋、卤玉米棒。

豆类

豆制品养分高、水分多，易变酸变质。所以购买时要选表面干燥、有豆香味的，卤好后静置在卤汁中是必要的。但是水分较少的豆皮、面筋类，最好先炸一下再卤，这样可以吸收更多的卤汁；豆腐等比较容易吸收卤汁的材料，可以用油炸再焖一下的方法，卤至上色即可。

代表菜：卤毛豆、卤水豆腐、卤豆芽、卤油豆腐。

菌类

各种菌类在烹饪中一向很受欢迎。在传统卤味中，菌类一般是同肉类食材一起卤，用以吸收肉类的油脂，并增进卤汁风味。但是现在菌类也可单独卤，卤时应选菇伞肥厚

的，洗净后切成适当大小，放入卤汁中稍加焖煮即捞起，加几滴香油，非常美味。

代表菜：卤木耳、卤茶树菇、卤香菇。

卤味制作程序

◎卤味的制作程序：卤前预制、卤中烧煮、卤后出锅三个步骤。想要做出美味的卤菜，这三个步骤缺一不可。

⟱卤前预制

制作卤味时，对不同的材料采取不同的预制方法。

焯（汆）水

所谓焯（汆）水，就是将生鲜原料放进水锅内，加热至半熟或刚熟，捞出再卤制。多数情况下是针对动物性原料进行的预制。

焯（汆）水时，水量要大，冷水下锅，

随着水温升高，材料内的异味、血污等慢慢排出。再稍加一些酒、姜等调味料。

腌制

腌制是用盐、硝水、醋、姜、葱等调料，针对有些原料在卤前进行的一道工序。

腌制有盐腌和硝腌。盐腌的主要原料是盐、姜、葱等；硝腌是用硝水和盐、醋、花椒、葱等拌好，倒入肉里，腌制1～2天，再去卤制，此法不如盐腌使用广泛。

硝水的做法为：取干硝250克，清水20升，红酱油150毫升。烧热锅，干硝入锅烧

到溶化，即加清水烧开，再加入酱油，撇去浮沫即成。

⟱卤中烧煮

卤味的烧煮，关键在于掌握好火候。一般做法是开始用猛火，烧开5分钟后转中小火，最后至微火，让卤汁始终处于微沸状态。这样，可以使原材料由外至里地卤

透，同时也可防止卤过头。

在卤制过程中，要保持原料始终浸在卤汁中，对卤制食品和调料用力翻动，使其受热均匀，卤水浸制到位。

⟱卤后出锅

这是待食品成熟，也就是色、香、味、形均达到要求时，从卤水中捞出的程序。在掌握食品成熟程度时，可用手捏、鼻闻、眼看、筷子扎等方法判定，针对不同食品用不同方法判定，恰到好处地捞出即成。

制作卤味的操作要领

◎制作卤味时，有一些可供参考的小技巧，掌握这些小技巧，能让卤味制作变得更简单易行。

⊙选用卤锅

卤锅首选砂锅，其次为搪瓷锅。用这样的锅卤制食品，一是散热慢，卤水不易蒸发；二是食品和锅不易发生化学反应，可使食品原汁原味，保证品质。

⊙入锅、出锅时间

对所卤制的食品，应根据其特性、大小等，掌握好入锅和出锅时间。只有这样，成品才能在色、香、味、形等方面恰到好处。

⊙香味判定

卤味食品要以咸鲜为基础，兼顾甜、酸、辣等味。所以，在对食物的卤味进行判定时，要以不同的食品食用特性为基础，根据不同配料、不同季节、不同制作时间等来判定其口味。要用看、尝等方法具体认定，以免口味过淡或过重，缺少应有的风味。

⊙食用方式

卤味食品出锅后要先冷却，凉凉后涂上一层香油，以防变硬、变干、变色和变味，随吃随取。另外，亦可把食品放在原卤水中，自然冷却，用时取之。

卤味食品的基本食用方式一般有五种：

（1）冷后改刀（肉类），或不改刀（其他类）食用。

（2）改刀，浇上原卤汁，或拌以其他调味料食用。

（3）装盘后辅以调味料蘸食。

（4）以成品入油锅，捞起后再改刀食用。

（5）可改刀后配以其他菜，烧炒后食用。

制作卤味的注意事项

◎卤味在制作中，不管是老卤水还是新卤水，都有一些注意事项及使用技巧。

↓食材准备

对形状较大的原料，要进行改刀。如畜类原料须切成250~1000克的块状，禽类需剁下爪、翅。

↓食材处理

对血污、腥膻味较重的原料，需通过刮洗浸泡、腌渍、汆水等方法治净并去除腥味。过油还可以使肉质表面快速收缩，封存内部的营养和鲜味，同时有助于定型。

↓选择容器

制作卤味的容器，以长颈砂罐和砂锅为佳。制作酱菜需要翻炒以收稠汤汁，此时可改用铁锅。为了防止出现焦煳，可在锅底放上一只圆盘或自制的底垫，以阻止原料和锅底接触。如使用高压锅，必须将焖煮的时间缩短至常规的1/5~1/4，离火后不可立即拿

掉气阀盖，因为制品仍需在汤汁中浸一段时间。一般来说，使用高压锅卤制时间短，但是制品风味略差。

↓烹煮中途不要揭盖

卤制菜肴时，将原料投入卤水中，用大火烧沸，撇去浮沫后，要用一只圆盘将原料压住，不让原料露出汤汁之上，然后盖紧锅盖，尽量不要漏汽，改中小火焖煮，保持汤汁微沸，中途尽量不要揭盖。

↓食材入锅时间不同

同一种原料，往往由于产地、季节、部位、质地老嫩的不同，加热至成熟所需的时间也有所不同，故在烹制过程中应注意，将多种原料一锅制作时，应先将质地老、难成熟的原料先下锅，尽量使各种原料同时成熟。

↓保持原料特色

要注意保持原料的特色，如制作盐水黄

豆时，必须焖煮至酥烂；而卤水猪肚则不宜过烂，应保持一定的韧性；卤制鸡肉应保持皮脆肉嫩，如卤的时间过长，则鸡皮易破烂，肉发柴，少鲜味。豆类食品要先烫再

卤，如豆干、素鸡等大豆加工品，事先烫后再卤，不但更容易吸收卤汁，卤起来更入味，而且卤汁也不易酸败，有利于保存。

香料要洗净

香料在装入袋中之前，应用温水冲洗干净，尤其是白卤的制品更应注意，否则会影响成品的色泽，使汤汁显得灰暗。葱、姜、蒜等辛香食材，先爆香再放入卤锅中，加入酱料和食材同卤，有增香的作用。

卤汁要合理保存

老卤汁煮好后，要捞出葱段。因为葱段含水分较多，容易造成卤汁变酸，而且葱的

香味只在第一次使用时最浓郁，再次煮开就不能增香了，因此卤制煮好立刻捞出，可以让美味的卤汤保存更久。

小火慢卤最合适

将食材放入熬好的卤汁中后，要用小火慢煮，火力太大不见得熟得快，且易导致表面看似熟了，肉仍未完全煮透，或食材还没入味卤汁就烧干了。

卤制后浸泡味道更好

浸泡分为两种：一种是食材放入卤汁中，短时间滚沸后即关火，利用余温将食材浸泡至熟。另一种是先汆烫至熟，再放入卤汁里浸泡入味，如卤蛋、卤墨鱼等，浸泡的时间比卤煮时间要长。

卤制温度要适当

用热水煮肉类卤味时，水温不可太高，要保持在95℃～98℃，否则肉类会被煮得爆皮或骨肉分离。

卤制品要妥善保存

卤制品多为冷食，故要注意卫生，防止细菌污染，接触制品的手和器皿必须保持干净。制品出锅后，要防止苍蝇、蚊虫等叮爬。

常见的卤味制作方法

◎卤汁的调配方式有很多种，大部分是以酱油、香料及水煮成卤汁。制作卤味时把需要制作的食材加入卤汁中卤煮几小时即可。以下列举几种比较常见的卤制方法。

⊕油焖卤法

油焖卤法是用油爆香再进行焖煮，让较硬或不易入味的食材慢慢烧煮入味。

用油焖卤法制作卤味时，食材都需经烫或油炸一下，待热锅爆香香料后，再倒入食材快速翻炒，最后放入卤汁材料，加盖焖烧至汤汁收拢、食材入味为止，味道相当香浓。

⊕烫煮卤法

烫煮卤法用于不需要煮太久的食材，进行短时间的烫煮，使食材口感鲜嫩香浓，不油不腻。

烫煮卤法可以说是焖煮卤法的另一种表现方式，只需掌握卤汁配方，短时间卤煮，也可做出风味十足的卤味，即使是不宜久煮的蔬菜、海鲜，也能卤出好滋味。

⊕浸泡卤法

食材如果卤煮的时间不长，可以靠长时间浸泡来吸收卤汁的味道，这就是浸泡卤法。

浸泡卤法利用醇厚的卤汁打底，让浸泡出的食材吃起来不油腻，但卤汁要煮沸至香味溢出放凉后，再加入煮熟的食材浸泡入味，因此此法制作卤味所需的浸泡时间较长，才能使食材完全入味。

⊕烧煮卤法

烧煮卤的加热时间较长，且卤制食材多为整只或大块的，因此要视材料质地和形状大小，掌握投料顺序。如果数种材料

同时卤制，要分批进行投放，小心控制火候，才能卤出滋味醇厚、熟香软嫩的口感。烧煮卤法做出的卤品色泽酱红，咸香入味。

⬇炸卤法

炸卤法做出卤味的口感酥嫩却不软烂，带着卤汁浓郁的滋味，口感筋道，令人回味。

炸卤法只要先将食材腌透，再用温油炸至金黄色，回锅用卤汁卤至入味，或者先卤后炸，既可保持卤味的特色，也能尝

到酥脆的口感。

⬇酱卤法

酱卤法是将卤汁和调味料调匀，再加入食材以小火煮，煮至汤汁变浓稠的卤味制作方法。

酱卤法一般选择需要长时间卤煮入味的肉类，将肉类先汆烫，再将食材放入浓稠的酱汁中，以小火慢煮至汤汁逐渐收干，其间应不时翻面，以免酱肉粘住锅底。

⬇冻卤法

冻卤法是将卤好的肉块制成冻状的食品，如使用纯猪皮的肉冻口感有弹性，使用琼脂粉的冻品口感较紧实。

冻卤法是将食材卤好切成小丁，加入卤汁凝成冻品。凝冻过程中，不可随意搅动，放入冰箱冷藏一夜，制成的冻品口感更清凉爽口。

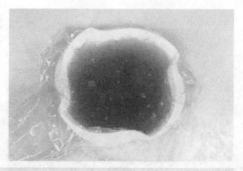

常用香料介绍

◎卤菜中用到的调香料种类很多，八角、桂皮、干姜、草果等十余种，下面就简单介绍几种常用的香料。

八角

八角是八角树的果实，学名叫八角茴香，为常用调料。八角能除肉中臭气，使之重新添香，故又名茴香。八角是我国的特产，盛产于广东、广西等地。颜色紫褐，呈八角，形状似星，有甜味和强烈的芳香气味，香气来自其中的挥发性的茴香醛。

八角是制作冷菜及炖、焖菜肴中不可少的调味品，其作用为其他香料所不及，也是加工五香粉的主要原料。

丁香

丁香香气馥郁，味辛辣，做调味料，可矫味增香。常用于制作卤菜，亦用于制糕点和饮料，亦为五香粉和咖喱粉原料之一。

花椒

花椒是我国中华美食烹饪中一个不可或缺而且很常见的调味剂，它存在每个厨房里，是厨房里的神奇魔法师。

花椒在烹饪中能够祛除肉类的肉腥味和油脂，更以一种清香味和麻辣感得到我国人民的喜爱，并广泛应用于烹饪当中。

花椒果实不仅可以作为调味剂，还是药用价值很好的一味中药。花椒味道虽略带辛辣，但是一种温和性的中药材。不仅能刺激味蕾增加进食，可以温暖身体，祛除寒气和湿气，还可以保护我们的胃和脾。

草果

草果具有特殊浓郁的辛辣香味，能除腥气，增进食欲，是烹调佐料中的佳品，被人们誉为食品调味中的"五香之一"。

草果用来烹调菜肴，可去腥除膻，增进菜肴味道，烹制鱼类和肉类时，有了草

果其味更佳。

炖煮牛羊肉时，放点草果，既使牛羊肉清香可口，又能驱避肉膻味。草果可用于调制精卤水和烹制肉类、菜肴等增香，如草果煲牛肉；又如云南特产封鸡中亦采用草果增香。

↓ 桂皮

桂皮是为樟科常绿乔木植物肉桂的干皮和粗枝皮，气味芳香，作用与茴香相似，常用于烹调腥味较重的原料，也是五香粉的主要成分，是最早被人类食用的香料之一。主要产于广东、广西、浙江、安徽、湖北等地，以广西产量大而质好。产地亦有采鲜桂叶做调味的。

↓ 陈皮

陈皮味甘苦，但有橘子的清香，是水果柑橘的果皮经干燥处理后而制成的干性果皮，这种果皮如在保持干燥的条件下，可长久放置储藏，故称陈皮。陈皮如果是冬柑的皮晒制而成的，则其质量较好，它的外表呈现深褐色，且皮瓢薄，放在手上觉得很轻而容易折断，同时还伴有清香味。

↓ 茴香

这里所讲的是小茴香。茴香是常用的调料，是烧鱼炖肉、制作卤制食品时的必用之品。因它们能除肉中臭气，使之重新添香，故曰"茴香"。小茴香的种实是调味品，而它的茎叶部分也具有香气，常被用来做包子、饺子等食品的馅料。它所含的主要成分都是茴香油，能刺激胃肠神经血管，促进消化液分泌，增加胃肠蠕动，排除积存的气体，所以有健胃、行气的功效；有时胃肠蠕动在兴奋后又会降低，而茴香有助于缓解痉挛、减轻疼痛。

↓ 香叶

香叶是樟科常绿树甜月桂的叶，是受欢迎的香料，可用于腌渍或浸渍食品，又用于炖菜、填馅及做鱼等。味芬芳，但略有苦味，通常整片使用，烹调后再从菜肴中除去。香叶呈长椭圆披针形，长六七厘米，叶面光滑，带有辛辣及强烈苦味，是欧洲人常用的调味料和餐点装饰，如用在汤、肉、蔬菜、炖食等，可以说是一种健胃剂。

↓ 干姜

干姜性味辛热，可用作调味料。能温里散寒，温肺化痰。用于脘腹冷痛，呕吐腹泻；肺寒久咳气喘，痰多清稀。可与人参、五味子等配伍。可煮粥，煎汤等。一般多与其他香料合用。

·第二篇·

常用卤水的制作

本篇中详细为大家讲解最常见的卤水的制作，有辛香咸辣的川味卤水，有原汁原味的白切卤水，有适合浸煮的糟香卤水，还有香味四溢的酒香卤水等多种不同风味。不同的卤水让不同的食材变化出多种口味，而且卤制菜肴具有色泽美观、香鲜醇厚、软熟滋润的特点，适用于鸡、鸭、鹅、猪、牛、羊、兔，以及其内脏、豆制品、鸡鸭鹅蛋等多种原料。

糟香卤水

Zao xiang lu shui

特色介绍 糟香卤水是以醪糟为主料，配合十几种香料制作而成的卤水，其多数情况适用于不需要久煮的食材卤制。一般使用糟香卤水制作的卤味多为植物类，制作时只需将食材浸泡在卤水中即可。而使用糟香卤水卤制动物类的食材时，需要先把食材蒸煮熟，再浸入卤水中较蔬菜稍微长一些的时间，以使食材更好地入味。糟香浓郁诱人，滋味鲜咸醇口，凡经过糟香卤水卤过的植物性原料更清鲜爽口，凡是卤过的动物性原料均油而不腻，风味独特且开胃增食。常见菜色有：糟香辣椒、糟香四季豆、糟香秋刀鱼等。

01 原料准备 地道食材原汁原味

醪糟300克，红葱头30克，生姜片20克，
葱结20克，红曲米15克，草果15克，香菜
15克，白蔻10克，八角10克，陈皮10克，
桂皮8克，花椒7克，丁香6克，芫荽子5
克，香叶3克，隔渣袋1个

02 调料准备 五味调和活色生香

白糖40克，盐20克，料酒15毫升，食用油适量

03 做法演示 烹饪方法分步详解

1.把隔渣袋放在盘中，张开袋口。

2.放入草果、丁香、香叶、芫荽子、白蔻、桂皮、八角、陈皮、红曲米、花椒。

3.收紧袋口，扎严实，制成香料袋。

4.用油起锅。

5.倒入红葱头、葱结、香菜、生姜片。

6.大火爆香，然后淋入料酒。

7.往锅中注入约800毫升清水。

8.放入香料袋，拌煮至袋子浸入锅中。

9.盖上锅盖，大火煮沸，转小火煮约15分钟至汤汁呈淡红色。

10.揭开锅盖，倒入醪糟。

11.再盖上锅盖，用小火再煮约5分钟。

12.取下锅盖，加入盐、白糖。

13.挑去香料袋、葱结和香菜。

14.再用漏勺捞出醪糟渣、姜片、红葱头。

15.关火，即制成糟香卤水。

豉油卤水

Chi you lu shui

特色介绍 豉油卤水中含有营养丰富、色浓味香的高汤，再加上鲜美可口、咸淡适中的豆豉，制成的卤味以咸和鲜为特点，并因为加有冰糖而带有丝丝的香甜味道。豉油卤水主要卤制的食材为禽畜肉和海鲜，其卤制时间较一般卤水短。使用豉油卤水制成的食物质地细嫩、咸鲜味佳、豉油味浓、微有回甜。豉油卤水中最经典的菜色为豉油皇鸽。

01 原料准备 地道食材原汁原味

猪骨300克，老鸡肉300克，香叶5克，桂皮6克，八角10克，小茴香4克，丁香3克，干沙姜10克，葱结15克，红葱头25克，蒜头20克，香菜10克，肥肉100克，隔渣袋1个

02 调料准备 五味调和活色生香

鸡粉7克，盐20克，冰糖20克，生抽15毫升，老抽10毫升，蚝油10克，酱油10毫升，味精15克，白糖15克，食用油适量

03 做法演示 烹饪方法分步详解

1.锅中倒入约2500毫升清水，放入洗净的猪骨、鸡肉。

2.盖上盖，用大火烧热，煮至沸腾。

3.揭开盖，撇去汤中浮沫。

4.再盖好盖，转用小火熬煮约1小时。

5.取下锅盖，捞出鸡肉和猪骨，余下的汤料即成为上汤。

6.把熬好的上汤盛入容器中备用。

7.将隔渣袋放置在盘中，打开袋口。

8.放入香叶、桂皮、八角、小茴香、丁香、干沙姜。

9.收紧袋口，扎严实，制成香料袋。

10.锅中注入少许食用油烧热，再放入洗净的肥肉，煎至出油。

11.倒入葱结、香菜、红葱头和蒜头，大火爆香。

12.注入适量的上汤。

13.盖上锅盖，大火煮沸。

14.揭开锅盖，放入香料袋，加入鸡粉、盐。

15.倒入冰糖。

16.汤中淋入生抽、老抽。

17.拌匀入味。

18.再放入蚝油、酱油、味精、白糖，拌匀。

19.盖上盖，转小火煮约20分钟。

20.关火，即成豉油卤水。

精卤水

Jing lu shui

特色介绍 精卤水色泽深棕，香味浓厚，常用于制作名贵高级卤味。制作精卤水使用的材料大多以香料药材、清水或生抽为主，口感则以大咸大甜为重点，而改良后的精卤水使用由猪骨和老鸡肉熬制成的高汤代替清水，使卤水更具肉味和鲜味，再加上传承已久的众多香料，其味道更是卤水中的经典。精卤水的代表菜色有：以卤汁茄子、卤水卤片为代表的蔬菜类，以卤油豆腐、香卤千张丝为代表的豆制品类，以卤猪颈肉为代表的畜肉类，以卤鸡翅、卤水鸭为代表的禽肉类，还有海鲜类的卤水鱿鱼。

01 原料准备 地道食材原汁原味

猪骨300克，老鸡肉300克，草果15克，白蔻10克，小茴香2克，红曲米10克，香茅5克，甘草5克，桂皮6克，八角10克，砂仁6克，干沙姜15克，芫荽子5克，丁香3克，罗汉果10克，花椒5克，葱结15克，蒜头10克，肥肉50克，红葱头20克，香菜15克，隔渣袋1个

02 调料准备 五味调和活色生香

盐30克，生抽20毫升，老抽20毫升，鸡粉10克，白糖、食用油各适量

03 做法演示 烹饪方法分步详解

1.汤锅置于火上，倒入约2500毫升清水，放入洗净的猪骨、鸡肉。

2.盖上盖，用大火烧热，煮至沸腾。

3.揭开盖，撇去汤中浮沫。

4.再盖好盖，转用小火熬煮约1小时。

5.捞出鸡肉和猪骨，余下的汤料即成上汤。

6.把隔渣袋平放在盘中。

7.放入香茅、甘草、桂皮、八角、砂仁、干沙姜、芫荽子。

8.再倒入草果、红曲米、小茴香、白蔻、丁香、罗汉果。

9.最后放入花椒，收紧袋口制成香料袋。

10.炒锅烧热，注入少许食用油，放入肥肉，用中火煎至出油。

11.倒入蒜头、红葱头、葱结、香菜，大火爆香。

12.放入白糖，翻炒至白糖熔化。

13.倒入准备好的上汤。

14.盖上锅盖，用大火煮沸。

15.取下盖子，放入香料袋。

16.盖上盖，转中火煮沸。

17.揭盖，加入盐、生抽、老抽、鸡粉，拌匀入味。

18.再盖上锅盖，转小火煮约30分钟。

19.取下锅盖，挑去葱结、香菜。

20.即成精卤水。

酒香卤水

Jiu xiang lu shui

特色介绍 酒香卤水因在调制卤水过程中加入了醇洌的白酒而得名。酒香卤水在一众各色各味的卤水中，香料和调味料都比其他卤水用得少，但是又因为白酒的加入，使得酒香卤水的味道又不会太单调，反而彰显出其独特的个性。酒可以驱寒暖胃，又可以引出食物的香味，所以本书介绍的海鲜类卤味，使用酒香卤水再好不过。海鲜本身性味寒，用酒可以中和海鲜的寒性。酒香卤水的代表菜色：酒香田螺、酒香大虾。

01 原料准备 地道食材原汁原味

猪骨300克，老鸡肉300克，白酒300毫升，红葱头25克，大蒜20克，草果15克，芫荽子10克，八角10克，桂皮10克，小茴香10克，丁香8克，隔渣袋1个

02 调料准备 五味调和活色生香

盐40克，白糖30克，味精20克，生抽20毫升，老抽10毫升，食用油适量，

03 做法演示 烹饪方法分步详解

1.汤锅置于火上，倒入约2500毫升清水，放入洗净的猪骨、鸡肉。

2.用小火熬煮约1个小时。

3.取下锅盖，捞出鸡肉和猪骨，余下的汤料即成上汤。

4.把熬好的上汤盛入容器中备用。

5.将隔渣袋放在碗中，打开袋口。

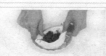

6.放入丁香、小茴香、芫荽子，倒入桂皮、八角、草果。

7.再收紧袋口，扎严实，制成香料袋。

8.起油锅，倒入洗净的大蒜、红葱头，大火爆香。

9.倒入准备好的上汤。

10.再放入香料袋，拌煮至袋子浸没于汤汁中。

11.盖上盖，烧开，转小火煮约15分钟。

12.取下锅盖，倒入白酒。

13.加入适量盐、味精、白糖。

14.再放入生抽、老抽。

15.拌匀，煮至入味。

16.关火，即成酒香卤水。

白切卤水

Bai qie lu shui

适用卤味 > 白切卤水是制作粤式卤味中最常用的卤水，卤制出来的食材，口感较为清爽，以清香鲜美为主，且不宜久煮，所以通常以烫煮卤或浸泡卤的方式来卤制。可以将卤汁大火加热滚沸后，利用锅内余温将食材焖熟，成品菜肴皮嫩肉滑，吃起来唇齿留香。最著名的有白切鸡。白切卤水在卤制菜肴时，最好只卤一种食材，因为白卤的特色就是口味清淡，食材较多，容易串味，影响味道。

01 原料准备 地道食材原汁原味

生姜片20克，草果10克，香叶3克，桂皮、干沙姜各7克，陈皮2克，隔渣袋1个，姜末、蒜末少许

02 调料准备 五味调和活色生香

盐22克，鸡粉10克，白糖2克，料酒15毫升，芝麻油、食用油适量，酱油少许

03 做法演示 烹饪方法分步详解

1.取一个净碗，倒入大半碗清水。

2.放入草果、香叶、桂皮、干沙姜、陈皮，撒上生姜片，清洗一下。

3.将洗净的香料装入隔渣袋中。

4.收紧袋口，扎严实，制成香料袋，待用。

5.锅中注入约1500毫升清水，放入香料袋。

6.盖上锅盖，大火烧煮至沸，再转用小火续煮约30分钟。

7.取下锅盖，加入20克盐、8克鸡粉和15毫升料酒。

8.拌匀煮至入味。

9.制成白卤水，备用。

10.炒锅烧热，注入少许食用油，再倒入蒜末爆香。

11.注入少许清水，倒入姜末，拌匀。

12.淋入酱油。

13.拌匀入味。

14.加入鸡粉、盐、白糖、芝麻油。

15.拌匀后煮至沸，制成蘸料。

16.盛出调好的蘸料，使用时配上主料即可。

川味卤水
Chuan wei lu shui

适用卤味 川味卤水多用来制作麻辣味道的卤菜，例如辣卤鸭脖、辣卤鸭下巴等，卤制时间稍长，要让味道彻底浸入食材中。

01 原料准备 地道食材原汁原味

干辣椒7克，草果10克，香叶3克，桂皮10克，干姜8克，八角7克，花椒4克，生姜片20克，葱结15克

02 调料准备 五味调和活色生香

豆瓣酱10克，麻辣鲜露5毫升，盐25克，味精20克，生抽20毫升，老抽10毫升，上汤1000毫升，食用油适量

03 做法演示 烹饪方法分步详解

1.锅中注油烧热，倒入生姜片、葱结，大火爆香。

2.再放入干辣椒、草果、香叶、桂皮、干姜、八角、花椒，翻炒香。

3.转中小火，加入豆瓣酱，翻炒匀。

4.再注入约1000毫升上汤。

5.放入麻辣鲜露。

6.加入盐、味精，再淋入生抽、老抽，拌匀入味。

7.盖上盖，大火煮沸，再用小火煮大约30分钟。

8.关火，揭盖，即成川味卤水，备用。

·第三篇·

畜肉篇

　　卤制原料的取材众多，荤素皆有，但以荤菜居多。日常生活中，我们食用最多的卤菜就是畜肉类。畜肉中，猪、牛、羊身上的部位，上至口鼻，下至四肢，均可以用来卤制。本部分将详细介绍畜肉类的卤味制作，更有卤菜的再次烹饪制作。食用卤肉，除了满足人体对蛋白质及维生素等的需求外，还能达到开胃、增加食欲的目的。

卤五花肉

Lu wu hua rou

烹饪时间	口味	功效	适合人群
32分钟	咸	增强免疫	孕产妇

营养分析 五花肉营养丰富，含有丰富的蛋白质、脂肪、维生素、钙等营养成分，具有补肾养血、滋阴润燥等功效，凡病后体弱、产后血虚者，皆可用之作营养滋补之品。五花肉肥瘦相间，卤过之后肥而不腻，口感绝佳，营养均衡，是老少皆宜的一道美食。

制作指导 制作卤水时，要一次将水加足，中途加水不仅会稀释卤水的色泽，而且也会使卤水的香味大减，影响口感。

01 原料准备 地道食材原汁原味

五花肉1000克，猪骨300克，老鸡肉300克，香料包（草果15克，白蔻10克，小茴香2克，红曲米10克，香茅5克，甘草5克，桂皮6克，八角10克，砂仁6克，干沙姜15克，芫荽子5克，丁香3克，罗汉果10克，花椒5克，隔渣袋1个），葱结15克，蒜头10克，肥肉50克，红葱头20克，香菜15克

02 调料准备 五味调和活色生香

盐30克，生抽20毫升，老抽20毫升，鸡粉10克，白糖、食用油各适量

03 做法演示 烹饪方法分步详解

1.锅中加入适量清水，放入洗净的猪骨、鸡肉。

2.用小火熬煮约1小时。

3.捞出鸡肉和猪骨，余下的汤料即成上汤。

4.把熬好的上汤盛入容器中备用。

5.把隔渣袋打开，放入香料包中要用到的香料。

6.依次放入香料后，扎紧袋口。

7.炒锅烧热注油，放入肥肉，用中火煎至出油。

8.倒入蒜头、红葱头、葱结、香菜，大火爆香。

9.放入白糖，翻炒至白糖熔化。

10.倒入备好的上汤，大火煮沸。

11.取下盖子，放入香料袋。

12.盖上盖，转中火煮沸。

13.揭盖，加入盐、生抽、老抽、鸡粉。

14.拌匀入味。

15.再盖上锅盖，转小火煮大约30分钟。

16.取下锅盖，挑去葱结、香菜。

17.即成精卤水。

18.卤水用大火烧开，放入洗净的五花肉，拌匀。

19.盖上盖，用小火卤制约30分钟至熟透。

20.关火，揭开盖，拌匀入味。

21.取出卤熟的五花肉。

22.放入盘中，凉凉。

23.用斜刀切成薄片。

24.摆放入盘中。

25.淋上少许卤汁即成。

> 五花肉炒辣白菜

Wu hua rou chao la bai cai

01 原料准备 地道食材原汁原味

卤五花肉250克，大白菜300克，干辣椒7克，姜片、蒜末、葱白各少许

02 调料准备 五味调和活色生香

盐3克，生抽4毫升，豆瓣酱10克，鸡粉少许，食用油适量

03 做法演示 烹饪方法分步详解

1.大白菜切去根，对半切开再切成小块。
2.卤五花肉放在案板上，用斜刀切成薄片。
3.热锅中注入适量清水，再倒入油烧开。
4.放入切好的大白菜。
5.拌煮约半分钟至熟，捞出沥干水分。
6.盛放在盘中待用。
7.用油起锅，烧至三成热。
8.倒入卤五花肉，炒至出油。
9.放入少许干辣椒、姜片、蒜末、葱白，炒香。
10.转中火，放入少许豆瓣酱，翻炒均匀。
11.倒入大白菜，大火炒至断生。
12.转小火加入盐、鸡粉、生抽。
13.把食材翻炒入味。
14.盛出装盘即可。

> 泡菜五花肉

Pao cai wu hua rou

01 原料准备 地道食材原汁原味

卤五花肉400克，泡萝卜、蒜苗各适量

02 调料准备 五味调和活色生香

盐、味精各2克，酱油10毫升，蚝油12克，食用油适量

03 做法演示 烹饪方法分步详解

1.卤五花肉，切薄片。
2.泡萝卜洗净，切片。
3.蒜苗洗净切段。
4.炒锅置于火上，注油烧热。
5.放入肉片炒至出香。
6.加入蒜苗段、萝卜片。
7.再加入盐、酱油、蚝油翻炒。
8.将各食材炒熟。
9.放入味精翻炒调味。
10.起锅装盘即可。

卤五花肉后加工 > **青椒回锅肉**
Qing jiao hui guo rou

01 原料准备 地道食材原汁原味

卤五花肉200克，洋葱、青椒、红椒、葱段各适量

02 调料准备 五味调和活色生香

盐2克，酱油10毫升，白糖、食用油各适量

03 做法演示 烹饪方法分步详解

1.卤五花肉切片。
2.洋葱洗净切片。
3.青椒、红椒洗净，分别切片。
4.将油锅烧热，下卤五花肉炒至肉片稍卷，盛出。
5.用余油炒洋葱、青红椒及葱段。
6.把炒好的五花肉回锅，与洋葱一同炒熟。
7.加入盐、酱油、白糖调味。
8.把锅中食材炒匀调味。
9.将炒好的菜盛出装盘即可。

卤五花肉后加工 > **卜豆角回锅肉**
Bo dou jiao hui guo rou

01 原料准备 地道食材原汁原味

卤五花肉150克，卜豆角100克，蒜苗30克，红椒片少许

02 调料准备 五味调和活色生香

盐3克，味精2克，白糖、料酒、辣椒油、食用油各适量

03 做法演示 烹饪方法分步详解

1.将泡发洗净的卜豆角切成段。
2.洗净的蒜苗切成段。
3.将卤五花肉切成薄片。
4.热锅注油，放入卤五花肉，煸炒片刻。
5.倒入卜豆角，拌炒至熟。
6.放入洗净的蒜苗梗。
7.加入适量盐、味精、白糖，炒匀调味。
8.再淋入少许料酒，拌炒香。
9.倒入蒜苗叶、红椒片拌炒匀。
10.加入少许辣椒油。
11.快速拌炒均匀。
12.将锅中食材盛出装盘即可。

猪皮冻

Zhu pi dong

烹饪时间	口味	功效	适合人群
3小时	辣	美容养颜	女性

营养分析 猪皮含丰富的胶原蛋白质，在烹饪过程中会转化为明胶，它能改善皮肤组织细胞的储水功能，防止皮肤过早褶皱，延缓皮肤的衰老过程。常吃猪皮，可使皮肤丰润饱满，富有弹性。

制作指导 猪皮杂熟捞出，要趁热将肥油刮除干净，以免油脂融入汤中，影响到猪皮冻的透明度。

01 原料准备 地道食材原汁原味

猪皮300克，水发琼脂150克，香菜末、蒜末、葱花各少许

02 调料准备 五味调和活色生香

辣椒油、鸡粉、老抽、生抽、盐、芝麻油各适量

03 做法演示 烹饪方法分步详解

1.锅中加少许清水烧开。

2.放入猪皮。

3.汆煮20分钟至熟软后捞出，沥干水分。

4.将猪皮的肥油刮去。

5.切成细丝。

6.另起锅，加入适量清水，倒入琼脂煮片刻。

7.加入盐、鸡粉、老抽。

8.快速搅拌匀。

9.倒入猪皮丝。

10.大火煮至琼脂完全溶化，制成猪皮琼脂汤。

11.取一碗，碗内盖入保鲜膜，倒入猪皮琼脂汤，放入冰箱冷冻2~3小时。

12.取出冻制好的猪皮琼脂汤，即猪皮冻。

13.倒扣在砧板上。

14.将猪皮冻切成方块。

15.摆入盘内。

16.辣椒油加入蒜末、香菜末、葱花、生抽,拌匀。

17.再加入盐、芝麻油。

18.用勺子充分拌匀。

19.把汁淋在猪皮冻上即成。

卤猪皮

Lu zhu pi

烹饪时间	口味	功效	适合人群
22 分钟	咸	美容养颜	女性

营养分析〉猪皮含有大量的胶原蛋白质，遇热后可转化成明胶。这种明胶能增强细胞生理代谢，有效改善机体生理功能和皮肤组织细胞的储水功能，使细胞得到滋润，保持湿润状态，防止皮肤过早褶皱，延缓皮肤的衰老。

制作指导〉卤好的猪皮淋上少许香油，可增加猪皮的香味，食用起来风味更佳。

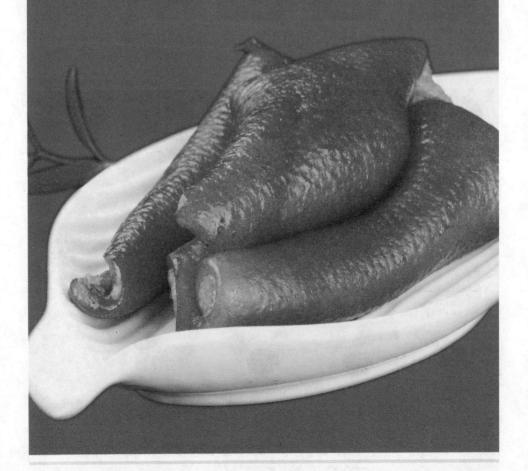

01 原料准备 地道食材原汁原味

猪皮300克，猪骨300克，老鸡肉300克，草果15克，白蔻10克，小茴香2克，红曲米10克，香茅5克，甘草5克，桂皮6克，八角10克，砂仁6克，干沙姜15克，芫荽子5克，丁香3克，罗汉果10克，花椒5克，葱结15克，蒜头10克，肥肉50克，红葱头20克，香菜15克，隔渣袋1个

02 调料准备 五味调和活色生香

盐30克，生抽20毫升，老抽20毫升，鸡粉10克，白糖少许，食用油适量

03 做法演示 烹饪方法分步详解

1.锅中加入适量清水，放入洗净的猪骨、鸡肉。

2.盖上盖，用大火烧热，煮至沸腾。

3.揭开盖，撇去汤中浮沫。

4.再盖好盖，转用小火熬煮约1小时。

5.捞出鸡肉和猪骨，余下的汤料即成上汤。

6.把熬好的上汤盛入容器中备用。

7.把隔渣袋平放在盘中。

8.放入香茅、甘草、桂皮、八角、砂仁、干沙姜、芫荽子。

9.再倒入草果、红曲米、小茴香、白蔻、丁香、罗汉果。

10.放入花椒，收紧袋口，扎严实，制成香料袋。

11.炒锅烧热，注油，放入肥肉，用中火煎至出油。

12.倒入蒜头、红葱头、葱结、香菜，大火爆香。

13.放入白糖，翻炒至白糖熔化。

14.倒入备好的上汤，大火煮沸。

15.取下盖子，放入香料袋。

16.盖上盖，转中火煮沸。

17.揭盖，加入盐、生抽、老抽、鸡粉拌匀入味。

18.再盖上锅盖，转小火煮大约30分钟。

19.取下锅盖，挑去葱结、香菜，即成精卤水。

20.卤水锅置于旺火上，煮沸后放入洗净的猪皮。

21.盖上锅盖。

22.用小火卤约20分钟至入味。

23.取下锅盖，捞出卤好的猪皮，沥干卤汁。

24.盛入盘中。

25.摆好盘即可。

卤猪皮后加工 > 香辣猪皮

Xiang la zhu pi

01 原料准备 地道食材原汁原味

卤猪皮150克，干辣椒10克，蒜末、姜片、葱段各少许

02 调料准备 五味调和活色生香

盐2克，味精、蚝油、辣椒酱、料酒、食用油各适量

03 做法演示 烹饪方法分步详解

1.将卤猪皮切成丝。
2.锅中注入适量食用油，把油烧热。
3.倒入姜片、蒜末和洗好的干辣椒爆香。
4.再倒入辣椒酱拌匀。
5.倒入切好的卤猪皮。
6.快速拌炒均匀。
7.淋入料酒拌炒匀。
8.再加盐、味精、蚝油。
9.将锅中食材炒至入味。
10.撒入切好的葱段。
11.把锅中食材炒匀。
12.盛入盘内即可。

卤猪皮后加工 > 韭菜花炒猪皮

Jiu cai hua chao zhu pi

01 原料准备 地道食材原汁原味

卤猪皮100克，韭菜花80克，姜片、红椒丝、蒜末各少许

02 调料准备 五味调和活色生香

盐3克，味精1克，料酒、食用油各适量

03 做法演示 烹饪方法分步详解

1.卤猪皮切成丝。
2.韭菜花洗净，切成段。
3.用油起锅，放入姜片、蒜末爆香。
4.倒入卤猪皮炒匀。
5.淋入料酒翻炒匀。
6.倒入韭菜花，翻炒至熟。
7.放入红椒丝。
8.加盐、味精炒匀。
9.将锅中食材翻炒匀至入味。
10.盛出装盘即可。

> 莴笋炒猪皮

Wo sun chao zhu pi

卤猪皮
后加工

01 原料准备 地道食材原汁原味

卤猪皮150克，莴笋100克，姜片、蒜末、葱段各少许

02 调料准备 五味调和活色生香

盐2克，鸡粉2克，生抽3毫升，料酒、豆瓣酱、老抽、食用油各适量

03 做法演示 烹饪方法分步详解

1.将卤猪皮切成条。
2.去皮洗好莴笋切成片。
3.锅中注入适量食用油，把油烧热。
4.倒入姜片、蒜末、葱段，爆出香味。
5.倒入猪皮炒匀。
6.加少许老抽、生抽。
7.淋入料酒，炒至散发出香味。
8.放入莴笋，继续翻炒匀。
9.倒入少许清水，放入豆瓣酱，炒匀。
10.加适量盐、鸡粉。
11.炒匀至猪皮入味。
12.转大火翻炒收汁。
13.起锅，盛出炒好的食材即成。

> 青红椒炒猪皮

Qing hong jiao chao zhu pi

卤猪皮
后加工

01 原料准备 地道食材原汁原味

卤猪皮150克，青椒50克，红椒30克，姜片、蒜末、葱白各少许

02 调料准备 五味调和活色生香

盐2克，豆瓣酱10克，料酒4毫升，生抽3毫升，鸡粉、食用油各适量

03 做法演示 烹饪方法分步详解

1.把卤猪皮切成条。
2.洗净的青椒切开，去籽，切成条。
3.洗净的红椒切开，去籽，切成条。
4.炒锅注油烧热，放入蒜末、姜片、葱白，爆香。
5.放入猪皮炒匀。
6.加入适量豆瓣酱。
7.淋入料酒，炒香。
8.放入青椒条、红椒条，翻炒均匀。
9.淋入少许清水，翻炒片刻。
10.加盐、鸡粉、生抽，炒匀调味。
11.大火收汁翻炒片刻。
12.盛出装盘即可。

卤排骨

Lu pai gu

烹饪时间	口味	功效
33 分钟	咸	增强免疫

营养分析 排骨富含铁、磷、蛋白质、钙等营养成分，能提供人体生理活动所必需的优质蛋白质、脂肪，尤其是丰富的钙质可维护骨骼健康。排骨具有滋阴润燥、益精补血的功效，尤适宜于气血不足者食用。

制作指导 卤排骨时可放入几块山楂片，可以使排骨很快熟烂及入味，且味道更鲜美。

01 原料准备 地道食材原汁原味

排骨600克，猪骨300克，老鸡肉300克，草果15克，白蔻10克，小茴香2克，红曲米10克，香茅5克，甘草5克，桂皮6克，八角10克，砂仁6克，干沙姜15克，芫荽子5克，丁香3克，罗汉果10克，花椒5克，葱结15克，蒜头10克，肥肉50克，红葱头20克，香菜15克，隔渣袋1个

02 调料准备 五味调和活色生香

盐30克，生抽20毫升，老抽20毫升，鸡粉10克，白糖、食用油各适量，料酒少许

03 做法演示 烹饪方法分步详解

1.锅中加入适量清水，放入洗净的猪骨、鸡肉。

2.盖上盖，用大火烧热，煮至沸腾。

3.揭开盖，撇去汤中浮沫。

4.再盖好盖，转用小火熬煮约1小时。

5.捞出鸡肉和猪骨，余下的汤料即成上汤。

6.把熬好的上汤盛入容器中备用。

7.把隔渣袋平放在盘中。

8.放入香茅、甘草、桂皮、八角、砂仁、干沙姜、芫荽子。

9.再倒入草果、红曲米、小茴香、白蔻、丁香、罗汉果。

10.最后放入花椒，收紧袋口制成香料袋。

11.炒锅注油烧热，放入洗净的肥肉煎至出油。

12.倒入蒜头、红葱头、葱结、香菜，大火爆香。

13.放入白糖，翻炒至白糖熔化。

14.倒入备好的上汤，大火煮沸。

15.放入香料袋，转中火煮沸。

16.揭盖，加入盐、生抽、老抽、鸡粉，拌匀入味。

17.再盖上锅盖，转小火煮约30分钟。

18.取下锅盖，挑去葱结、香菜即成精卤水。

19.卤水锅用大火烧开，放入洗净的排骨。

20.淋入少许料酒，用大火煮至沸。

21.盖上锅盖，转用小火卤30分钟至入味。

22.取下锅盖，拌匀入味。

23.关火后，捞出卤好的排骨。

24.装在盘中凉凉。

25.排骨放凉后切成小块，摆盘浇上少许卤汁即成。

卤猪舌

Lu zhu she

烹饪时间	口味	功效	适合人群
33分钟	辣	益气补血	女性

营养分析 猪舌含有丰富的蛋白质、维生素A、烟酸、铁、硒等营养元素，具有滋阴润燥、补益气血的功效。猪舌含有较多的胆固醇，因此胆固醇偏高的人不宜食用猪舌。

制作指导 猪舌卤熟捞出后，要放凉后再切片，就不会烫手了。

01 原料准备 地道食材原汁原味

猪舌200克，葱条、草果、香叶、八角、桂皮、花椒、姜片、大蒜各适量

02 调料准备 五味调和活色生香

卤水、盐、生抽、老抽、料酒、味精、食用油各适量

03 做法演示 烹饪方法分步详解

1.锅中倒入适量清水，加盖，大火烧开。

2.揭盖，放入洗净的猪舌，加入适量料酒。

3.盖上锅盖，将猪舌焖煮15分钟至熟透。

4.揭盖，捞出煮熟的猪舌。

5.放入凉水中浸泡2~3分钟后取出。

6.锅中注入少许食用油，烧热。

7.放入洗好的葱条、香叶、八角、桂皮、花椒、姜片、蒜瓣，煸炒香。

8.倒入卤水。

9.加少许生抽、老抽、盐、味精，调匀。

10.放入猪舌。

11.加盖，烧开后，转小火卤制30分钟至入味。

12.揭盖，捞出卤熟的猪舌。

13.将猪舌切成片。

14.装入盘中，淋入卤汁拌匀。

15.再整齐摆入另一个盘中即成。

卤猪舌后加工 > **腊八豆拌猪舌**
La ba dou ban zhu she

01 原料准备 地道食材原汁原味

卤猪舌300克，腊八豆70克，熟芝麻、红椒片、柠檬片、绿樱桃各适量

02 调料准备 五味调和活色生香

味精2克，胡椒粉、红油、食用油各适量

03 做法演示 烹饪方法分步详解

1.卤猪舌洗净切成薄片。
2.腊八豆洗净。
3.绿樱桃洗净切开。
4.炒锅置火上，倒入适量食用油，下腊八豆。
5.将腊八豆翻炒至熟。
6.加味精、胡椒粉、红油。
7.将食材翻炒调味。
8.把炒好的猪舌盛出。
9.将猪舌摆好装盘。
10.在猪舌上撒上熟芝麻。
11.用柠檬片和绿樱桃点缀在盘边即可。

卤猪舌后加工 > **酱烧猪舌**
Jiang shao zhu she

01 原料准备 地道食材原汁原味

卤猪舌300克，蒜苗段、姜片、干辣椒各少许

02 调料准备 五味调和活色生香

盐2克，味精、白糖、料酒、柱候酱、蚝油、食用油各适量

03 做法演示 烹饪方法分步详解

1.将卤猪舌切片。
2.将切好的卤猪舌装入盘中备用。
3.热锅注油，倒入姜片、蒜苗梗和洗好的干辣椒，爆香。
4.倒入卤猪舌。
5.加入料酒翻炒片刻。
6.再加入柱候酱、蚝油。
7.拌炒均匀。
8.倒入蒜苗叶，翻炒均匀。
9.加入盐、味精、白糖。
10.快速炒匀使其入味。
11.盛出装盘即可。

> 香炒卤猪舌

Xiang chao lu zhu she

01 原料准备 地道食材原汁原味

卤猪舌100克，青椒40克，红椒20克，姜片、蒜末、葱白各少许

02 调料准备 五味调和活色生香

料酒、生抽、豆瓣酱、盐、鸡粉、食用油各适量

03 做法演示 烹饪方法分步详解

1.青椒、红椒均洗净，对半切开后去籽，再改切成小块。
2.卤猪舌切成片。
3.用油起锅，倒入姜片、蒜末、葱白爆香。
4.倒入青椒、红椒。
5.再倒入猪舌翻炒均匀。
6.淋入料酒。
7.加生抽、豆瓣酱、盐、鸡粉炒匀调味。
8.把锅中食材翻炒匀。
9.盛出装盘即可。

> 大葱炒猪舌

Da cong chao zhu she

01 原料准备 地道食材原汁原味

卤猪舌400克，大葱150克，青椒、红椒各少许

02 调料准备 五味调和活色生香

盐3克，红油、胡椒粉、食用油各适量

03 做法演示 烹饪方法分步详解

1.青椒洗净，切成细丝。
2.红椒洗净，切成细丝。
3.卤猪舌切成条。
4.大葱洗净，切成细丝。
5.锅中注油烧至八成热，倒入卤猪舌，翻炒片刻。
6.放入青红椒丝、大葱丝。
7.将锅中食材炒匀。
8.加盐、红油和胡椒粉。
9.把食材炒匀调味。
10.将炒好的菜品盛出装盘即可。

香辣猪耳朵

Xiang la zhu er duo

烹饪时间	口味	功效	适合人群
31分钟	辣	益气补血	男性

营养分析 猪耳营养丰富，其蛋白质和胆固醇含量高，还富含维生素B_1和锌等，是人们喜食的动物性食品之一，具有滋养脏腑、滑润肌肤、补中益气、滋阴养胃之功效。

制作指导 猪耳朵内脏东西较多，卤制前要反复冲洗。

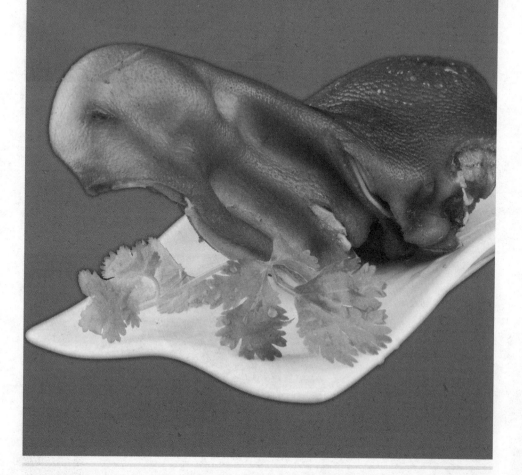

01 原料准备 地道食材原汁原味

猪耳500克，干辣椒5克，草果10克，香叶3克，桂皮10克，干姜8克，八角7克，花椒4克，姜片20克，葱结15克

02 调料准备 五味调和活色生香

豆瓣酱10克，麻辣鲜露5毫升，盐25克，味精20克，生抽20毫升，老抽10毫升，食用油适量

03 做法演示 烹饪方法分步详解

1.炒锅置于火上，倒入少许食用油，烧至三成热。

2.放入姜片、葱结爆香。

3.放入草果、香叶、桂皮、干姜、八角、花椒，快速翻炒香。

4.放入豆瓣酱，炒匀。

5.锅中倒入约1000毫升清水。

6.加入麻辣鲜露。

7.放入盐、味精，淋入生抽、老抽。

8.拌匀至入味。

9.盖上锅盖，用大火煮沸，转小火煮大约30分钟。

10.关火，即做成川味卤水。

11.汤锅中倒入适量的卤水，大火煮沸。

12.放入干辣椒、猪耳。

13.盖上盖，小火卤煮30分钟。

14.揭盖，把卤好的猪耳捞出。

15.把猪耳装入盘中即可。

卤猪耳后加工 > 辣炒猪耳

La chao zhu er

01 原料准备 地道食材原汁原味

卤猪耳250克，青椒30克，红椒20克，蒜苗段、干辣椒、姜片、蒜末、葱白各少许

02 调料准备 五味调和活色生香

豆瓣酱10克，生抽3毫升，盐3克，鸡粉2克，料酒、食用油各适量

03 做法演示 烹饪方法分步详解

1. 将洗净的青椒去籽，切成小块。
2. 洗净的红椒切开，去籽，切成小块。
3. 把卤猪耳切成片。
4. 用油起锅，倒入姜片、蒜末、葱白爆香。
5. 倒入猪耳，拌炒匀。
6. 淋入少许料酒，炒香。
7. 放入干辣椒，炒匀。
8. 加入适量豆瓣酱，炒匀。
9. 倒入青椒和红椒，炒匀。
10. 放入盐、鸡粉、生抽，炒匀调味。
11. 倒入蒜苗段。
12. 快速拌炒均匀。
13. 盛出装盘即可。

卤猪耳后加工 > 野山椒炒猪耳

Ye shan jiao chao zhu er

01 原料准备 地道食材原汁原味

卤猪耳200克，芹菜150克，泡小米椒35克，姜片、蒜末、葱白各少许

02 调料准备 五味调和活色生香

盐3克，鸡粉3克，料酒3毫升，豆瓣酱15克，食用油适量

03 做法演示 烹饪方法分步详解

1. 把洗净的芹菜切成3厘米长的段。
2. 把卤猪耳切成片。
3. 锅中倒入清水大火烧开，加入食用油。
4. 倒入芹菜，焯煮约半分钟至断生。
5. 把焯好的芹菜捞出，沥干后装入盘中。
6. 用油起锅，倒入姜片、蒜末、葱白。
7. 再倒入泡小米椒、猪耳，翻炒均匀。
8. 淋入少许料酒，翻炒均匀。
9. 倒入芹菜，翻炒均匀。
10. 加入盐、鸡粉、豆瓣酱。
11. 把锅中食材炒约半分钟至熟透。
12. 把炒好的猪耳盛出装盘即可。

卤猪耳后加工 > 香干拌猪耳

Xiang gan ban zhu er

01 原料准备 地道食材原汁原味

香干300克，卤猪耳150克，香菜10克，红椒丝、蒜末各少许

02 调料准备 五味调和活色生香

盐3克，鸡粉2克，生抽、辣椒油、芝麻油、食用油各适量

03 做法演示 烹饪方法分步详解

1.把洗净的香菜切成小段。
2.洗净的香干切成两半，再切成条。
3.卤猪耳切成薄片。
4.将切好的食材装入盘中待用。
5.锅中加清水烧开，加少许盐、食用油。
6.放入香干，煮2分钟至熟，沥水后待用。
7.取一大碗，放入香干。
8.加入盐、鸡粉。
9.淋入少许生抽，拌至入味。
10.碗中放入猪耳，倒入蒜末、香菜。
11.淋入辣椒油，撒上红椒丝。
12.倒入少许芝麻油。
13.拌约1分钟至入味。
14.将拌好食材放入盘中摆好即成。

卤猪耳后加工 > 蒜香猪耳

Suan xiang zhu er

01 原料准备 地道食材原汁原味

卤猪耳200克，蒜末、葱花各少许

02 调料准备 五味调和活色生香

盐2克，鸡粉2克，生抽、芝麻油各适量

03 做法演示 烹饪方法分步详解

1.将卤猪耳切薄片。
2.把切好的猪耳装入大碗中。
3.将蒜末倒入装有猪耳的碗中。
4.撒上少许葱花。
5.加入盐、鸡粉。
6.淋入生抽。
7.再加入少许芝麻油。
8.用筷子充分拌匀碗中食材。
9.将拌好的猪耳装入盘中即成。

香辣猪脚

Xiang la zhu jiao

烹饪时间	口味	功效	适合人群
31分钟	辣	增强免疫	老年人

营养分析 猪脚富含蛋白质、脂肪、钙、磷、铁、维生素A、B族维生素、维生素C、维生素E等，有利于预防关节炎、贫血、老年性骨质疏松等疾病。下肢功能衰退的老年人常食猪脚可强身健体，增强免疫力。

制作指导 猪脚入锅卤制前，用竹签在猪皮上扎一些孔，可以缩短卤制时间，而且更易入味。

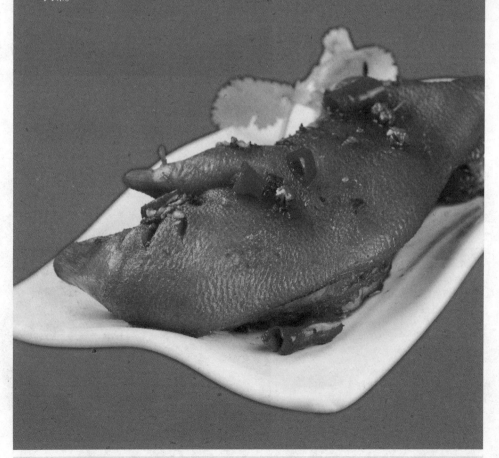

01 原料准备 地道食材原汁原味

猪脚200克，生姜片15克，干辣椒5克，草果10克，香叶3克，桂皮10克，干姜8克，八角7克，花椒4克，姜片20克，葱结15克

02 调料准备 五味调和活色生香

豆瓣酱10克，麻辣鲜露5毫升，盐25克，味精20克，生抽20毫升，老抽10毫升，食用油适量

03 做法演示 烹饪方法分步详解

1.炒锅置于火上，倒入少许食用油，烧至三成热。

2.放入生姜片、葱结爆香。

3.放入草果、香叶、桂皮、干姜、八角、花椒，快速翻炒香。

4.放入豆瓣酱，炒匀。

5.锅中倒入约1000毫升清水。

6.加入麻辣鲜露。

7.放入盐、味精，淋入生抽、老抽。

8.拌匀至入味。

9.盖上锅盖，用大火煮沸，转小火煮约30分钟。

10.关火，即成川味卤水，待用。

11.将适量的卤水转到汤锅中，放入生姜片、干辣椒，大火煮沸。

12.放入处理好的猪脚。

13.盖上盖，小火卤煮30分钟。

14.揭盖，把卤好的猪脚取出。

15.把猪脚装入盘中。

16.浇上少许卤汁即可。

酱卤猪脚

Jiang lu zhu jiao

烹饪时间	口味	功效	适合人群
22分钟	咸	益气补血	孕产妇

营养分析 猪脚性平，味甘、咸，含有丰富的蛋白质及脂肪、碳水化合物、钙、磷、铁等成分，具有补虚强身、滋阴润燥、丰肌泽肤的作用。凡病后体弱、产后血虚、面黄羸瘦者，皆可用之作营养滋补之品。

制作指导 南乳不宜放太多，以免掩盖猪脚本身的鲜味。

01 原料准备 地道食材原汁原味

猪脚200克，猪骨300克，老鸡肉300克，蒜末15克，香料包（草果15克，白蔻10克，小茴香2克，红曲米10克，香茅5克，甘草5克，桂皮6克，八角10克，砂仁6克，干沙姜15克，芫荽子5克，丁香3克，罗汉果10克，花椒5克，隔渣袋1个），葱结15克，蒜头10克，肥肉50克，红葱头20克，香菜15克

02 调料准备 五味调和活色生香

盐33克，生抽20毫升，老抽20毫升，南乳15克，鸡粉10克，蚝油5克，白糖、食用油各适量

03 做法演示 烹饪方法分步详解

1.锅中加入适量清水，放入洗净的猪骨、鸡肉。

2.盖上盖，用大火烧热，煮至沸腾。

3.揭开盖，撇去汤中浮沫。

4.再盖好盖，转用小火熬煮约1小时。

5.捞出鸡肉和猪骨，余下的汤料即成上汤。

6.把熬好的上汤盛入容器中备用。

7.把隔渣袋打开，放入香料包中要用到的香料。

8.依次放入香料后，扎紧袋口。

9.炒锅注油烧热，放入洗净的肥肉煎至出油。

10.倒入蒜头、红葱头、葱结、香菜，大火爆香。

11.放入白糖，翻炒至白糖熔化。

12.倒入备好的上汤，大火煮沸。

13.取下盖子，放入香料袋。

14.盖上盖子，转中火煮沸。

15.加入盐、生抽、老抽、鸡粉拌匀入味。

16.再盖上锅盖，转小火煮约30分钟。

17.取下锅盖，挑去葱结、香菜，即成精卤水。

18.把猪脚放入煮沸的卤水锅中。

19.盖上盖，小火卤煮20分钟。

20.揭盖，把卤好的猪脚取出备用。

21.用油起锅，倒入蒜末、南乳，炒香。

22.加入少许清水，拌匀。

23.加入少许盐、蚝油，拌匀。

24.放入猪脚，然后拌炒匀。

25.将猪脚盛出装盘即可。

白切猪脚

Bai qie zhu jiao

烹饪时间	口味	功效	适合人群
32.5分钟	鲜	美容养颜	女性

营养分析 猪脚是人们喜欢食用的营养佳品。它含有较多的蛋白质、脂肪和碳水化合物，并含有钙、磷、镁、铁以及维生素等有益成分。中医认为，猪脚性平，味甘、咸，具有补虚弱、填肾精、美容养颜等作用。

制作指导 猪脚卤前可用小竹签在皮上扎孔，有助于猪脚更入味。

01 原料准备 地道食材原汁原味

猪脚200克，姜片15克，香叶2克，草果5克，陈皮2克，桂皮4克，干姜6克，丁香4克，姜末、蒜末各15克

02 调料准备 五味调和活色生香

盐26克，味精15克，料酒10毫升，生抽5毫升，鸡粉2克，芝麻油、食用油各适量

03 做法演示 烹饪方法分步详解

1.锅中加约2000毫升清水烧开。

2.放入香料。

3.加入盐25克和适量味精。

4.加盖，煮20分钟，制成白卤水。

5.揭盖，放入猪脚。

6.淋入少许料酒。

7.加盖，小火卤煮30分钟。

8.揭盖，把卤好的猪脚取出，装入盘中。

9.用油起锅，倒入姜末、蒜末爆香。

10.加少许清水，煮沸。

11.加入生抽、鸡粉、盐，拌匀。

12.加入少许芝麻油。

13.用锅勺拌匀，制成蘸料。

14.将蘸料盛入味碟中。

15.食用卤好的猪脚佐以蘸料即可。

卤猪肘

Lu zhu zhou

烹饪时间	口味	功效
62分钟	咸	增强免疫

〔营养分析〕猪肘含有较多的蛋白质、脂肪和碳水化合物，并含有钙、磷、镁、铁、维生素A、维生素E等有益成分，具有补虚弱、填肾精、催乳、美容等功效。常食猪肘，可有效防治肌营养障碍，对消化道出血等失血性疾病有一定食疗功效，并可改善全身的微循环，从而使冠心病和缺血性脑病得以改善。

〔制作指导〕过量的盐会使猪皮发生固化，阻碍热量传递，使里面的肉不容易熟烂，所以卤猪肘时，盐可以少放些。

01 原料准备 地道食材原汁原味

猪肘1000克，姜片20克，猪骨300克，老鸡肉300克，香料包（草果15克，白蔻10克，小茴香2克，红曲米10克，香茅5克，甘草5克，桂皮6克，八角10克，砂仁6克，干沙姜15克，芫荽子5克，丁香3克，罗汉果10克，花椒5克，隔渣袋1个），葱结15克，蒜头10克，肥肉50克，红葱头20克，香菜15克

02 调料准备 五味调和活色生香

盐30克，生抽20毫升，老抽20毫升，鸡粉10克，白糖、食用油各适量，白醋少许

03 做法演示 烹饪方法分步详解

1.锅中加入适量清水，放入洗净的猪骨、鸡肉。

2.盖上盖，用大火烧热，煮至沸腾。

3.揭开盖，撇去汤中浮沫。

4.再盖好盖，转用小火熬煮约1小时。

5.捞出鸡肉和猪骨，余下的汤料即成上汤。

6.把熬好的上汤盛入容器中备用。

7.把隔渣袋打开，放入香料包中要用到的香料。

8.依次放入香料后，扎紧袋口。

9.炒锅注油烧热，放入洗净的肥肉煎至出油。

10.倒入蒜头、红葱头、葱结、香菜，大火爆香。

11.放入白糖，翻炒至白糖熔化。

12.倒入备好的上汤，大火煮沸。

13.取下盖子，放入香料袋，中火煮沸。

14.揭盖，加入盐、生抽、老抽、鸡粉，拌匀入味。

15.再盖上锅盖，转小火煮约30分钟。

16.取下锅盖，挑去葱结、香菜，即成精卤水。

17.另起锅，注入适量清水，加入姜片、猪肘。

18.盖上盖，用大火煮至沸腾。

19.揭盖，倒入少许白醋。

20.关火，捞出氽好的猪肘。

21.卤水锅置于火上，用大火煮沸。

22.再放入猪肘。

23.盖上锅盖，用小火卤1小时至入味。

24.取下锅盖，取出卤好的猪肘，沥干水分。

25.摆好盘，浇上少许卤汁即可。

卤猪肘后加工 > **洋葱炒卤猪肘**

Yang cong chao lu zhu zhou

01 原料准备 地道食材原汁原味

卤猪肘350克，洋葱250克，姜片、蒜末、葱段各少许

02 调料准备 五味调和活色生香

盐3克，料酒3毫升，鸡粉、食用油各适量

03 做法演示 烹饪方法分步详解

1.将洗净的洋葱切成细条，再切成小块。
2.卤猪肘切成薄片。
3.炒锅注油烧热。
4.倒入姜片、蒜末、葱段，大火爆香。
5.放入切好的猪肘肉片。
6.淋入料酒，炒匀。
7.倒入切好的洋葱。
8.快速翻炒至熟软。
9.调成中火，加盐、鸡粉调味。
10.翻炒食材至入味。
11.出锅盛入盘中即成。

卤猪肘后加工 > **小炒回锅猪肘**
Xiao chao hui guo zhu zhou

01 原料准备 地道食材原汁原味

卤猪肘160克，杭椒25克，蒜末、朝天椒末各适量

02 调料准备 五味调和活色生香

盐2克，蚝油、味精、料酒、豆瓣酱、食用油各适量

03 做法演示 烹饪方法分步详解

1.将卤猪肘切成片。
2.洗好的杭椒切成片。
3.热锅注油，倒入猪肘翻炒片刻。
4.倒入蒜末、朝天椒末拌炒匀。
5.加入豆瓣酱，炒香。
6.淋入料酒拌匀。
7.倒入杭椒拌炒至熟。
8.加盐、蚝油炒匀。
9.再加入味精。
10.把食材炒至入味。
11.炒好后盛盘即可。

卤猪肘
后加工 > **辣椒炒猪肘**

La jiao chao zhu zhou

01 原料准备 地道食材原汁原味

卤猪肘250克，青椒、红椒各50克，蒜片少许

02 调料准备 五味调和活色生香

盐3克，味精、蚝油、葱油、食用油各适量

03 做法演示 烹饪方法分步详解

1.将洗好的青椒切成片。
2.将洗好的红椒切成片。
3.卤猪肘切成片。
4.用油起锅，倒入蒜片，爆香。
5.倒入猪肘，拌炒匀。
6.倒入红椒片、青椒片，炒匀。
7.加入盐、味精、蚝油。
8.炒匀调味。
9.淋入少许葱油，拌炒匀。
10.盛出装盘即可。

卤猪肘
后加工 > **咖喱猪肘**

Ga li zhu zhou

01 原料准备 地道食材原汁原味

卤猪肘500克，咖喱膏30克，洋葱片、青椒片、红椒片、姜片、蒜末各少许

02 调料准备 五味调和活色生香

盐2克，味精、白糖、老抽、料酒、食用油各少许

03 做法演示 烹饪方法分步详解

1.将卤猪肘切成片。
2.切好的猪肘装入盘中备用。
3.热锅注油，烧热后倒入姜片、蒜末、洋葱、青椒、红椒。
4.倒入切好的猪肘。
5.加入少许料酒，炒香。
6.倒入咖喱膏，翻炒均匀。
7.加入盐、味精、白糖和老抽。
8.再加入少许清水炒约1分钟入味。
9.再淋入熟油拌炒均匀。
10.起锅，将做好的咖喱猪肘盛入盘中即可。

白切猪尾

Bai qie zhu wei

烹饪时间	口味	功效
23分钟	鲜	增强免疫

营养分析〉猪尾含丰富的蛋白质、脂肪、碳水化合物等营养成分，有补腰力、益骨髓的功效。猪尾连尾椎骨一起熬汤，具有补阴益髓的效果，可改善腰酸背痛，预防骨质疏松；对青少年男女发育也有益处，能够起到促进骨骼发育的作用。

制作指导〉卤制猪尾前，应将猪尾上的毛清理干净，否则会影响成品口感和外观。

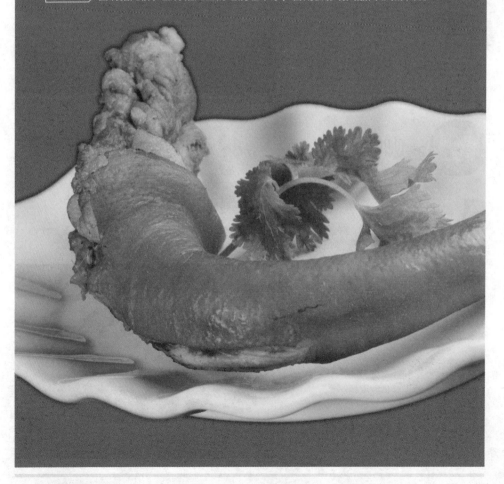

01 原料准备 地道食材原汁原味

猪尾200克，姜片15克，香叶2克，草果5克，陈皮2克，桂皮4克，干姜6克，丁香4克，姜末、蒜末各15克

02 调料准备 五味调和活色生香

盐26克，味精15克，料酒10毫升，生抽5毫升，鸡粉2克，芝麻油、食用油各适量

03 做法演示 烹饪方法分步详解

1.锅中加入适量清水烧开。

2.放入香料。

3.加入盐25克和适量味精。

4.加盖，煮20分钟，制成白卤水。

5.揭盖，加少许料酒。

6.放入处理好的猪尾。

7.加盖，小火卤煮20分钟。

8.揭盖，把卤好的猪尾取出，装入盘中。

9.用油起锅，倒入姜末、蒜末爆香。

10.加少许清水，煮沸。

11.加入适量生抽、鸡粉、盐，拌匀。

12.淋入少许芝麻油。

13.用锅勺拌匀，制成蘸料。

14.将蘸料盛入味碟中。

15.食用卤好的猪尾时，佐以蘸料即可。

卤水猪尾

Lu shui zhu wei

烹饪时间	口味	功效	适合人群
23分钟	咸	美容养颜	女性

营养分析〉猪尾含有丰富的蛋白质，主要成分是胶原蛋白质，是皮肤组织不可缺少的营养成分，可以改善皮肤、丰胸美容。此外，猪尾还有补阴益髓的功效，可改善腰酸背痛，预防骨质疏松。

制作指导〉卤制猪尾前，先把清理干净的猪尾氽熟，这样可以缩短卤制猪尾的时间。

01 原料准备 地道食材原汁原味

猪尾300克，猪骨300克，老鸡肉300克，草果15克，白蔻10克，小茴香2克，红曲米10克，香茅5克，甘草5克，桂皮6克，八角10克，砂仁6克，干沙姜15克，芫荽子5克，丁香3克，罗汉果10克，花椒5克，葱结15克，蒜头10克，肥肉50克，红葱头20克，香菜15克，隔渣袋1个

02 调料准备 五味调和活色生香

盐30克，生抽20毫升，老抽20毫升，鸡粉10克，白糖、食用油各适量

03 做法演示 烹饪方法分步详解

1.锅中加入适量清水，放入洗净的猪骨、鸡肉。

2.盖上盖，用大火烧热，煮至沸腾。

3.揭开盖，撇去汤中浮沫。

4.再盖好盖，转用小火熬煮大约1小时。

5.捞出鸡肉和猪骨，余下的汤料即成上汤。

6.把熬好的上汤盛入容器中备用。

7.把隔渣袋平放在盘中。

8.放入香茅、甘草、桂皮、八角、砂仁、干沙姜、芫荽子。

9.再倒入草果、红曲米、小茴香、白蔻、丁香、罗汉果。

10.最后放入花椒，收紧袋口制成香料袋。

11.炒锅烧热，注食用油，放入肥肉，用中火煎至出油。

12.倒入蒜头、红葱头、葱结、香菜，大火爆香。

13.放入白糖，翻炒至白糖熔化。

14.倒入备好的上汤。

15.盖上锅盖，用大火煮沸。

16.取下盖子，放入香料袋。

17.盖上盖，转中火煮沸。

18.揭盖，加入盐、生抽、老抽、鸡粉拌匀入味。

19.再盖上锅盖，转小火煮大约30分钟。

20.取下锅盖，挑去葱结、香菜，即成精卤水。

21.把处理干净的猪尾放入煮沸的卤水锅中。

22.盖上盖，小火卤煮20分钟。

23.揭盖，把卤好的猪尾捞出。

24.待猪尾凉凉，斩成块。

25.把切好的猪尾装入盘中，浇上少许卤汁即可。

卤猪尾后加工 > 尖椒炒猪尾

Jian jiao chao zhu wei

01 原料准备 地道食材原汁原味

卤猪尾300克，青、红尖椒60克，姜片、蒜末、葱白各少许

02 调料准备 五味调和活色生香

蚝油、老抽、味精、盐、白糖、辣椒酱、食用油、料酒各适量

03 做法演示 烹饪方法分步详解

1.将卤猪尾斩成块。
2.洗净的青尖椒、红尖椒切成片。
3.起油锅，放入姜片、蒜末、葱白煸香。
4.放入卤猪尾。
5.加料酒炒匀。
6.再倒入蚝油、老抽拌炒匀。
7.加入少许清水。
8.加盖用小火焖煮15分钟。
9.揭盖，加入辣椒酱拌匀，焖煮片刻。
10.加入味精、盐、白糖炒匀调味。
11.倒入青、红尖椒片拌炒匀。
12.淋入熟油，拌炒均匀。
13.出锅盛入盘中即成。

卤猪尾后加工 > 小土豆烧猪尾

Xiao tu dou shao zhu wei

01 原料准备 地道食材原汁原味

卤猪尾400克，小土豆、玉米各200克，香菜少许

02 调料准备 五味调和活色生香

盐3克，蚝油、白糖各10克，辣椒酱、食用油各适量

03 做法演示 烹饪方法分步详解

1.卤猪尾切成段。
2.小土豆去皮，洗净。
3.玉米洗净，切块。
4.锅中注入适量清水，将玉米焯熟后取出备用。
5.锅注油烧热，下入猪尾爆炒2分钟。
6.倒入土豆。
7.加入蚝油、白糖，翻炒均匀。
8.注上适量水，改中火。
9.加盐、辣椒酱，用小火慢慢烧至入味。
10.装盘后装饰上玉米和香菜即可。

卤猪尾
后加工
> **红焖猪尾**
Hong men zhu wei

01 原料准备 地道食材原汁原味

卤猪尾450克，葱白100克，葱花适量

02 调料准备 五味调和活色生香

盐、味精各2克，红油、番茄酱、食用油各适量

03 做法演示 烹饪方法分步详解

1.卤猪尾切成小段。
2.葱白洗净，切段。
3.油锅烧热，下入猪尾炒匀。
4.倒上红油、番茄酱。
5.锅中注水后用中火焖至熟透。
6.加盐、味精调味。
7.撒入葱白拌炒匀。
8.最后撒上葱花。
9.将炒好的食材盛入盘中。

卤猪尾
后加工
> **黄豆焖猪尾**
Huang dou men zhu wei

01 原料准备 地道食材原汁原味

卤猪尾350克，黄豆150克

02 调料准备 五味调和活色生香

盐3克，鸡精2克，酱油、生抽、胡椒酱、食用油各适量

03 做法演示 烹饪方法分步详解

1.卤猪尾切成段。
2.黄豆洗净，用水泡发。
3.锅中注油烧热，爆香猪尾。
4.调入酱油、生抽。
5.把食材翻炒片刻。
6.放入泡发的黄豆。
7.锅中注上少许水，用中小火焖至熟。
8.加盐、鸡精、胡椒酱。
9.将食材炒匀调味。
10.盛出装盘即可。

卤水肠头

Lu shui chang tou

烹饪时间	口味	功效	适合人群
32 分钟	咸	增强免疫	男性

营养分析〉猪肠头含有蛋白质、钙、镁、铁、锌、脂肪等营养成分，还含有大量的维生素P和硒，具有促进人体新陈代谢、延缓衰老、增强免疫力的功效。

制作指导〉清洗猪肠头时，可用酸菜水反复搓洗几次，能消除猪肠头的腥味，再用清水冲洗干净后，就可以放入卤水锅中进行卤制。

01 原料准备 地道食材原汁原味

猪肠头250克，猪骨300克，老鸡肉300克，香料包（草果15克、白蔻10克、小茴香2克、红曲米10克、香茅5克、甘草5克、桂皮6克、八角10克、砂仁6克、干沙姜15克、芫荽子5克、丁香3克、罗汉果10克、花椒5克、隔渣袋1个），葱结15克，蒜头10克，肥肉50克，红葱头20克，香菜15克

02 调料准备 五味调和活色生香

盐30克，生抽20毫升，老抽20毫升，鸡粉10克，食用油25毫升，料酒10毫升，白糖少许

03 做法演示 烹饪方法分步详解

1.锅中加入适量清水，放入洗净的猪骨、鸡肉。

2.小火熬煮约1小时。

3.捞出鸡肉和猪骨，余下的汤料即成上汤。

4.把隔渣袋打开，放入香料包中要用到的香料。

5.依次放入香料后，扎紧袋口。

6.炒锅注油烧热，放入洗净的肥肉煎至出油。

7.倒入蒜头、红葱头、葱结、香菜，大火爆香。

8.放入白糖，翻炒至白糖熔化。

9.倒入备好的上汤煮沸。

10.放入香料袋，盖上盖，转中火煮沸。

11.揭盖，加入盐、生抽、老抽、鸡粉，拌匀入味。

12.再盖上锅盖，转小火煮约30分钟。

13.取下锅盖，挑去葱结、香菜。

14.即成精卤水。

15.另起净锅，注入适量清水，用大火烧开。

16.放入处理干净的猪肠头，倒入少许料酒，拌匀。

17.再煮约2分钟至熟透。

18.捞出氽透的猪肠头，沥干水分，装入盘中待用。

19.卤水锅置于火上，用大火烧开。

20.放入氽好的猪肠头。

21.盖上盖，用小火煮30分钟至入味。

22.关火，取下锅盖，捞出卤好的猪肠头。

23.将猪肠头放入盘中凉凉。

24.切成小段。

25.把猪肠头装盘摆好，浇上少许卤汁即可。

卤水猪肠

Lu shui zhu chang

烹饪时间	口味	功效	适合人群
32分钟	咸	增强免疫	男性

营养分析 猪小肠含有蛋白质、钙、镁、铁、锌、脂肪等营养成分，具有补虚损、润肠胃、丰肌体的功效。小肠是猪肠中最瘦的部分，脂肪含量相对来说比较低，肥胖者亦可放心食用。但是，猪小肠胆固醇含量高，高血脂等心血管疾病患者应忌食。

制作指导 清洗猪小肠时，要将肠内壁翻出来，放入清水中，再加入适量白醋，用手揉搓、清洗，可达到清洁、除腥、消毒的作用。

01 原料准备 地道食材原汁原味

猪小肠600克，猪骨300克，老鸡肉300克，香料包（草果15克，白蔻10克，小茴香2克，红曲米10克，香茅5克，甘草5克，桂皮6克，八角10克，砂仁6克，干沙姜15克，芫荽子5克，丁香3克，罗汉果10克，花椒5克，隔渣袋1个），葱结15克，蒜头10克，肥肉50克，红葱头20克，香菜15克

02 调料准备 五味调和活色生香

盐30克，生抽20毫升，老抽20毫升，鸡粉10克，料酒、白糖、食用油各适量

03 做法演示 烹饪方法分步详解

1.锅中加入适量清水，放入洗净的猪骨、鸡肉。

2.小火熬煮约1小时。

3.捞出鸡肉和猪骨，余下的汤料即成上汤。

4.把隔渣袋打开，放入香料包中要用到的香料。

5.依次放入香料后，扎紧袋口。

6.炒锅注油烧热，放入洗净的肥肉煎至出油。

7.倒入蒜头、红葱头、葱结、香菜，大火爆香。

8.放入白糖，翻炒至白糖熔化。

9.倒入备好的上汤，大火煮沸。

10.再放入香料袋煮沸。

11.揭盖，加入盐、生抽、老抽、鸡粉拌匀入味。

12.再盖上锅盖，转小火煮约30分钟。

13.取下锅盖，挑去葱结、香菜，即成精卤水。

14.另起锅，注入适量清水烧开，加入少许料酒。

15.放入清洗干净的猪小肠，中火煮约3分钟至熟。

16.把汆过水的猪小肠捞出，沥干水分备用。

17.卤水锅置于火上，大火煮沸。

18.放入汆好的猪小肠。

19.盖上盖，转小火卤30分钟至入味。

20.揭开盖，取出卤制好的猪小肠，沥干水分。

21.将猪小肠装在盘中。

22.放凉，然后切成小段。

23.将猪小肠摆放在盘中，淋上少许卤汁即可。

白切大肠

Bai qie da chang

烹饪时间	口味	功效
21分钟	清淡	清热解毒

营养分析 猪大肠含有人体必需的钠、锌、钙、蛋白质、脂肪等营养成分，具有润肠、补虚、止血之功效，尤其适合消化系统疾病患者食用。但是，猪大肠的胆固醇含量高，高血压、高血脂、糖尿病以及心脑血管疾病患者不宜多吃。

制作指导 清洗猪大肠时可先加入盐和醋浸泡，去除脏物后再放入淘米水中浸泡片刻，最后用清水搓洗两遍即可。

01 原料准备 地道食材原汁原味

猪大肠200克，姜片20克，草果10克，香叶3克，桂皮、干沙姜各7克，陈皮2克，隔渣袋1个，姜末、蒜末、酱油各一小碟

02 调料准备 五味调和活色生香

盐22克，鸡粉10克，白糖2克，料酒15毫升，芝麻油、食用油各适量

03 做法演示 烹饪方法分步详解

1.取一个净碗，倒入大半碗清水。

2.放入草果、香叶、桂皮、干沙姜、陈皮、姜片，略微清洗。

3.将洗净的香料装入隔渣袋中。

4.收紧袋口，扎严实，制成香料袋，待用。

5.锅中注入约1500毫升清水。

6.放入香料袋。

7.盖上锅盖，大火煮沸，再转小火续煮约30分钟。

8.取下锅盖，加入适量盐、鸡粉和料酒。

9.拌匀煮至入味。

10.制成白卤水，备用。

11.炒锅烧热，注入少许食用油。

12.倒入蒜末爆香。

13.注入少许清水，倒入姜末，拌匀。

14.淋入酱油。

15.拌匀入味。

16.加入少许鸡粉、盐、白糖、芝麻油。

17.拌匀煮至沸，制成蘸料。

18.将蘸料盛入小碗中备用。

19.把猪大肠放入卤水锅中。

20.盖上盖，小火卤煮20分钟。

21.揭盖，把卤好的大肠取出。

22.把大肠切成小块。

23.将切好的大肠装入盘中。

24.把蘸料倒入味碟中，用以佐食卤好的大肠。

卤猪小肚

Lu zhu xiao du

烹饪时间	口味	功效	适合人群
41.5分钟	咸	增强免疫	孕产妇

营养分析 猪小肚营养成分为蛋白质、碳水化合物、脂肪、钙、磷、铁、维生素B_2等，不仅可供食用，而且有很好的药用价值。猪肚有补虚损、健脾胃的功效，多用于脾虚腹泻、虚劳瘦弱等症的食疗。若怀孕妇女胎气不足，食用猪小肚也有很好的效果。

制作指导 洗猪小肚时，先用清水洗去污物，然后用盐、醋或玉米面反复揉搓，直至将污物黏液搓净，再用水冲洗，最后放些食醋加水浸泡，可有效清除猪肚的异味。

01 原料准备 地道食材原汁原味

猪小肚500克，猪骨300克，老鸡肉300克，草果15克，白蔻10克，小茴香2克，红曲米10克，香茅5克，甘草5克，桂皮6克，八角10克，砂仁6克，干沙姜15克，芫荽子5克，丁香3克，罗汉果15克，花椒5克，葱结15克，蒜头10克，肥肉50克，红葱头20克，香菜15克，隔渣袋1个

02 调料准备 五味调和活色生香

盐30克，生抽20毫升，老抽20毫升，鸡粉10克，白糖适量，食用油25毫升

03 做法演示 烹饪方法分步详解

1.锅中加入适量清水，放入洗净的猪骨、鸡肉。

2.盖上盖，用大火烧热，煮至沸腾。

3.揭开盖，撇去汤中浮沫。

4.再盖好盖，转用小火熬煮大约1小时。

5.捞出鸡肉和猪骨，余下的汤料即成上汤。

6.把熬好的上汤盛入容器中备用。

7.把隔渣袋平放在盘中。

8.放入香茅、甘草、桂皮、八角、砂仁、干沙姜、芫荽子。

9.再倒入草果、红曲米、小茴香、白蔻、丁香、罗汉果。

10.最后放入花椒，收紧袋口制成香料袋。

11.炒锅注油烧热，放入洗净的肥肉煎至出油。

12.倒入蒜头、红葱头、葱结、香菜，大火爆香。

13.放入白糖，翻炒至白糖熔化。

14.倒入备好的上汤。

15.盖上锅盖，用大火煮沸。

16.取下盖子，放入香料袋，转中火煮沸。

17.揭盖，加入盐、生抽、老抽、鸡粉，拌匀入味。

18.再盖上锅盖，转小火煮约30分钟。

19.取下锅盖，挑去葱结、香菜，即成精卤水。

20.卤水锅再次烧开，放入洗净的猪小肚，煮至沸。

21.盖上盖子，转用小火卤40分钟至入味。

22.揭下锅盖，捞出卤制好的猪小肚。

23.沥干卤汁。

24.夹入盘中摆好。

25.等待凉凉后食用即可。

卤猪肚后加工 > 尖椒炒猪肚

Jian jiao chao zhu du

01 原料准备 地道食材原汁原味

卤猪肚250克，青椒150克，红椒40克，姜片、蒜蓉、葱段各少许

02 调料准备 五味调和活色生香

盐3克，料酒、味精、辣椒酱、蚝油、芝麻油、食用油各少许

03 做法演示 烹饪方法分步详解

1. 卤猪肚切成薄片，装入盘中备用。
2. 洗净的红椒、青椒均切成菱形片。
3. 油锅置于火上，放入葱段、姜片、蒜蓉爆香。
4. 再倒入猪肚，拌炒匀。
5. 放入辣椒酱，炒匀入味。
6. 倒入料酒提鲜。
7. 再倒入青椒、红椒片，拌炒至食材熟。
8. 转小火，加入盐、味精调味。
9. 再放入少许蚝油，翻炒至入味。
10. 出锅盛入盘中即成。

卤猪肚后加工 > 苦瓜炒猪肚

Ku gua chao zhu du

01 原料准备 地道食材原汁原味

卤猪肚150克，苦瓜200克，豆豉、蒜末、姜片、葱白各少许

02 调料准备 五味调和活色生香

料酒、老抽、蚝油、盐、味精、白糖、食粉、食用油各适量

03 做法演示 烹饪方法分步详解

1. 将洗净的苦瓜切成片。
2. 卤猪肚用斜刀切成片。
3. 锅中加少许食粉。
4. 倒入苦瓜，焯1分钟。
5. 用漏勺捞出焯好的苦瓜备用。
6. 用油起锅，倒入蒜末、姜片、葱白、豆豉爆香。
7. 加入苦瓜炒匀。
8. 倒入猪肚。
9. 淋上料酒。
10. 加入老抽、蚝油、盐、味精、白糖，炒至入味。
11. 盛入盘中即可。

卤猪肚后加工 > 咸菜猪肚

Xian cai zhu du

01 原料准备 地道食材原汁原味

卤猪肚200克，咸菜150克，香叶3克，八角6克，姜片15克，青椒20克，红椒15克，蒜末、葱白各少许

02 调料准备 五味调和活色生香

豆瓣酱10克，盐4克，鸡粉4克，老抽2毫升，料酒、食用油各适量

03 做法演示 烹饪方法分步详解

1.卤猪肚切成片。
2.将洗净的咸菜切成小块，备用。
3.洗净的青椒、红椒均切块，备用。
4.另起锅，注入适量清水，大火烧开，倒入少许食用油，放入咸菜，煮约半分钟，去除咸味，然后捞出，沥干水分。
5.用油起锅，倒入青椒、红椒、蒜末、葱白，大火爆香。
6.放入咸菜，翻炒匀。
7.再倒入猪肚，炒匀。
8.加入料酒、豆瓣酱、盐、鸡粉。
9.淋入老抽，炒匀至入味。
10.出锅盛入盘中即成。

卤猪肚后加工 > 酸豆角炒猪肚

Suan dou jiao chao zhu du

01 原料准备 地道食材原汁原味

卤猪肚200克，酸豆角150克，红椒15克，姜片、蒜末、葱白各少许

02 调料准备 五味调和活色生香

盐3克，鸡粉、白糖、料酒、生抽、食用油各适量

03 做法演示 烹饪方法分步详解

1.将洗净的红椒切成丝。
2.酸豆角切成段。
3.卤猪肚切成丝。
4.锅中加适量清水烧开，放入酸豆角煮沸，加少许食用油，拌匀，煮2分钟去除部分酸味，捞出，沥干水分待用。
5.用油起锅，倒入姜片、蒜末、葱白，爆香。
6.倒入红椒丝、猪肚，拌炒一会儿。
7.淋入料酒，加入生抽，炒匀炒香。
8.倒入酸豆角。
9.放入盐、鸡粉，炒匀。
10.再加白糖，炒匀调味。
11.盛出炒好的酸豆角和猪肚即可。

精卤牛肉

Jing lu niu rou

烹饪时间	口味	功效	适合人群
43分钟	咸	增强免疫	男性

营养分析 牛肉含蛋白质、脂肪、维生素B₁、维生素B₂，以及磷、钙、铁等营养元素，而且牛肉蛋白质中含有多种人体必需的氨基酸，它的氨基酸成分最接近人体需要，能提高机体抗病能力，对于生长发育及术后、病后调养的人来说，是不错的进补食品。

制作指导 牛肉纤维组织较粗，结缔组织较多，切牛肉时应横着纤维纹路切，这样把牛肉纤维组织切断，才便于咀嚼食用。

01 原料准备 地道食材原汁原味

牛肉350克，猪骨300克，老鸡肉300克，草果15克，白蔻10克，小茴香2克，红曲米10克，香茅5克，甘草5克，桂皮6克，八角10克，砂仁6克，干沙姜15克，芫荽子5克，丁香3克，罗汉果10克，花椒5克，葱结15克，蒜头10克，肥肉50克，红葱头20克，香菜15克，隔渣袋1个

02 调料准备 五味调和活色生香

盐30克，生抽20毫升，老抽20毫升，鸡粉10克，白糖、食用油各25毫升

03 做法演示 烹饪方法分步详解

1.锅中加入适量清水，放入洗净的猪骨、鸡肉。

2.盖上盖，用大火烧热，煮至沸腾。

3.揭开盖，撇去汤中浮沫。

4.再盖好盖，转用小火熬煮约1小时。

5.捞出鸡肉和猪骨，余下的汤料即成上汤。

6.把熬好的上汤盛入容器中备用。

7.把隔渣袋平放在盘中。

8.放入香茅、甘草、桂皮、八角、砂仁、干沙姜、芫荽子。

9.再倒入草果、红曲米、小茴香、白蔻、丁香、罗汉果。

10.最后放入花椒，收紧袋口制成香料袋。

11.炒锅注油烧热，放入洗净的肥肉煎至出油。

12.倒入蒜头、红葱头、葱结、香菜，大火爆香。

13.放入白糖，翻炒至白糖熔化。

14.倒入备好的上汤。

15.盖上锅盖，用大火煮沸。

16.取下盖子，放入香料袋，转中火煮沸。

17.揭盖，加入盐、生抽、老抽、鸡粉，拌匀入味。

18.再盖上锅盖，转小火煮约30分钟。

19.取下锅盖，挑去葱结、香菜，即成精卤水。

20.卤水锅上火，大火煮沸。

21.放入洗净的牛肉，拌煮至断生。

22.盖上锅盖，转用小火卤约40分钟至入味。

23.揭开盖，捞出卤好的牛肉。

24.装在盘中放凉后，把牛肉切成薄片。

25.码放在盘中，浇上少许卤汁，即可食用。

卤水牛心

Lu shui niu xin

烹饪时间	口味	功效	适合人群
50分钟	辣	开胃消食	男性

营养分析 牛心富含蛋白质、脂肪、碳水化合物、维生素、尼克酸、钾、钠等营养元素。具有明目、健脑、健脾、温肺、益肝、补肾、补血、养颜护肤等功效。尤其适宜更年期妇女、久病体虚人群食用。

制作指导 牛心形大，卤煮前可先剖开挖挤去瘀血，切去筋络，这样卤好的牛心味更醇。牛心以卤至八成熟为佳，未食用前应浸于卤汁中保存，以免变干硬，影响口感。

01 原料准备 地道食材原汁原味

牛心150克，姜、葱各20克，草果、桂皮、干辣椒段、沙姜、丁香、花椒各适量

02 调料准备 五味调和活色生香

盐、料酒、鸡粉、味精、白糖、老抽、生抽、糖色、卤水各适量

03 做法演示 烹饪方法分步详解

1.锅注水，加料酒。

2.烧热后下牛心汆烫片刻，捞去浮沫。

3.捞出牛心洗净备用。

4.另起锅，注油烧热，放入姜、葱、草果、桂皮、干辣椒段、沙姜、丁香、花椒。

5.加入少许料酒。

6.倒入适量清水。

7.加入盐、鸡粉、味精、白糖、老抽、生抽。

8.再加入糖色烧开。

9.放入牛心。

10.加盖，中火卤制40分钟至入味。

11.捞出牛心，放凉。

12.将牛心切成片。

13.装入盘中，加入少许卤水。

14.用筷子拌匀。

15.摆入另一个盘中即可。

卤水牛肚

Lu shui niu du

烹饪时间	口味	功效	适合人群
22分钟	咸	益气补血	女性

营养分析 牛肚含蛋白质、脂肪、钙、磷、铁等营养元素，具有补益脾胃、补气养血、补虚益精等保健功效，适宜气血不足、营养不良、脾胃虚弱者食用。

制作指导 清洗生牛肚时，可以用盐、醋擦洗，再用清水洗净。

01 原料准备 地道食材原汁原味

牛肚300克，猪骨300克，老鸡肉300克，草果15克，白蔻10克，小茴香2克，红曲米10克，香茅5克，甘草5克，桂皮6克，八角10克，砂仁6克，干沙姜15克，芫荽子5克，丁香3克，罗汉果10克，花椒5克，葱结15克，蒜头10克，肥肉50克，红葱头20克，香菜15克，隔渣袋1个

02 调料准备 五味调和活色生香

盐30克，生抽20毫升，老抽20毫升，鸡粉10克，料酒、白糖、食用油各适量

03 做法演示 烹饪方法分步详解

1.锅中加入适量清水，放入洗净的猪骨、鸡肉。

2.用小火熬煮约1小时。

3.捞出鸡肉和猪骨，余下的汤料即成上汤。

4.把熬好的上汤盛入容器中备用。

5.把隔渣袋平放在盘中。

6.放入香茅、甘草、桂皮、八角、砂仁、干沙姜、芫荽子。

7.再倒入草果、红曲米、小茴香、白蔻、丁香、罗汉果。

8.最后放入花椒，收紧袋口制成香料袋。

9.炒锅注油烧热，放入洗净的肥肉煎至出油。

10.倒入蒜瓣、红葱头、葱结、香菜，大火爆香。

11.放入白糖，翻炒至白糖熔化。

12.倒入备好的上汤，盖上锅盖，用大火煮沸。

13.取下盖子，放入香料袋，转中火煮。

14.揭盖，加入盐、生抽、老抽、鸡粉，拌匀入味。

15.再盖上锅盖，转小火煮约30分钟。

16.取下锅盖，挑去葱结、香菜，即成精卤水。

17.另起锅放置火上，注入适量清水，放入牛肚。

18.加少许料酒。

19.搅拌约1分钟，去除牛肚的杂质。

20.把汆过水的牛肚捞出。

21.卤水锅放置火上，煮沸后放入牛肚。

22.加盖，用小火卤制15分钟。

23.揭盖，把卤好的牛肚捞出。

24.把卤好的牛肚切成块。

25.将切好的牛肚装入盘中即可。

卤水牛舌

Lu shui niu she

烹饪时间	口味	功效
22分钟	咸	开胃消食

营养分析 牛舌含有碳水化合物、脂肪、蛋白质、胡萝卜素、硫胺素、核黄素，还含有多种维生素和矿物质。牛舌性平，味甘，归脾、胃经，具有补脾胃、益气血、强筋骨、消水肿等功效。此外，常食牛舌还能有效改善消化不良，具有健脾开胃的作用。

制作指导 锅中的卤汁要浸过牛舌，最好一次性加足水。

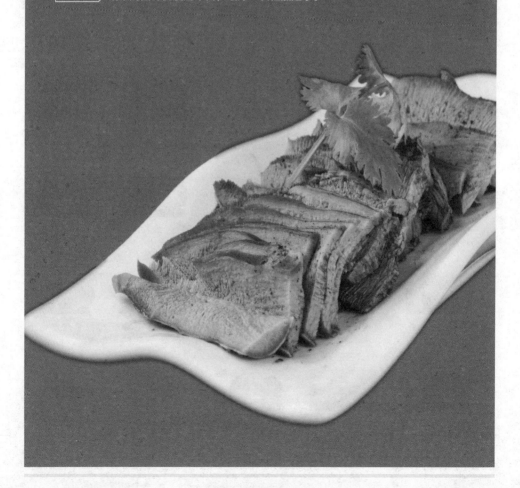

01 原料准备　地道食材原汁原味

牛舌350克，猪骨300克，老鸡肉300克，草果15克，白蔻10克，小茴香2克，红曲米10克，香茅5克，甘草5克，桂皮6克，八角10克，砂仁6克，干沙姜15克，芫荽子5克，丁香3克，罗汉果10克，花椒5克，葱结15克，蒜头10克，肥肉50克，红葱头20克，香菜15克，隔渣袋1个

02 调料准备　五味调和活色生香

盐30克，生抽20毫升，老抽20毫升，鸡粉10克，料酒、白糖、食用油各适量

03 做法演示　烹饪方法分步详解

1.锅中加入适量清水，放入洗净的猪骨、鸡肉。

2.再盖好盖，转用小火熬煮约1小时。

3.捞出鸡肉和猪骨，余下的汤料即成上汤。

4.把熬好的上汤盛入容器中备用。

5.把隔渣袋平放在盘中。

6.放入香茅、甘草、桂皮、八角、砂仁、干沙姜、芫荽子。

7.再倒入草果、红曲米、小茴香、白蔻、丁香、罗汉果。

8.最后放入花椒，收紧袋口制成香料袋。

9.炒锅注油烧热，放入洗净的肥肉煎至出油。

10.倒入蒜头、红葱头、葱结、香菜，大火爆香。

11.放入白糖，翻炒至白糖熔化。

12.倒入备好的上汤，盖上锅盖，用大火煮沸。

13.取下盖子，放入香料袋，转用中火煮沸。

14.揭盖，加入盐、生抽、老抽、鸡粉，拌匀入味。

15.再盖上锅盖，转小火煮大约30分钟。

16.取下锅盖，挑去葱结、香菜，即成精卤水。

17.另起锅，加入适量清水，放入牛舌。

18.加少许料酒，煮约1分钟，去除血水。

19.把氽过水的牛舌捞出。

20.卤水锅放置火上，煮沸后放入牛舌。

21.加盖，用小火卤制20分钟。

22.揭盖，把卤好的牛舌捞出，入盘中凉凉，备用。

23.把卤好的牛舌切成片。

24.将切好的牛舌装入盘中，浇上少许卤汁即可。

卤水牛蹄筋

Lu shui niu ti jin

烹饪时间	口味	功效	适合人群
22分钟	咸	保肝护肾	女性

营养分析 牛蹄筋含有丰富的胶原蛋白，其脂肪含量比肥肉低，并且不含胆固醇。中医认为，牛蹄筋性平，味甘，归肝经，有补肝强筋之功效，用于辅助治疗肝虚所致的筋酸乏力、易于疲劳等症，也可用于筋损伤的调养。牛蹄筋还有强筋壮骨之功效，对腰膝酸软、身体瘦弱者有很好的调补作用。

制作指导 熟牛蹄筋上如果带有残肉，一定要去除，再用清水洗净即可食用。

01 原料准备 地道食材原汁原味

牛蹄筋250克，猪骨300克，老鸡肉300克，草果15克，白蔻10克，小茴香2克，红曲米10克，香茅5克，甘草5克，桂皮6克，八角10克，砂仁6克，干沙姜15克，芫荽子5克，丁香3克，罗汉果10克，花椒5克，葱结15克，蒜头10克，肥肉50克，红葱头20克，香菜15克，隔渣袋1个

02 调料准备 五味调和活色生香

盐30克，生抽20毫升，老抽20毫升，鸡粉10克，白糖、食用油各适量

03 做法演示 烹饪方法分步详解

1.锅中加入适量清水，放入洗净的猪骨、鸡肉。

2.盖上盖，用大火烧热，煮至沸腾。

3.揭开盖，撇去汤中浮沫。

4.再盖好盖，转用小火熬煮约1小时。

5.捞出鸡肉和猪骨，余下的汤料即成上汤。

6.把熬好的上汤盛入容器中备用。

7.把隔渣袋平放在盘中。

8.放入香茅、甘草、桂皮、八角、砂仁、干沙姜、芫荽子。

9.再倒入草果、红曲米、小茴香、白蔻、丁香、罗汉果。

10.最后放入花椒，收紧袋口制成香料袋。

11.炒锅注油烧热，放入洗净的肥肉煎至出油。

12.倒入蒜头、红葱头、葱结、香菜，大火爆香。

13.放入白糖，翻炒至白糖熔化。

14.倒入备好的上汤。

15.盖上锅盖，用大火煮沸。

16.取下盖子，放入香料袋。

17.盖上盖，转中火煮沸。

18.揭盖，加入盐、生抽、老抽、鸡粉，拌匀入味。

19.再盖上锅盖，转小火煮约30分钟。

20.取下锅盖，挑去葱结、香菜，即成精卤水。

21.把精卤水煮沸，放入水发好的牛蹄筋。

22.加盖，用小火卤制20分钟。

23.揭盖，把卤好的牛蹄筋捞出。

24.把汆过水的牛蹄筋捞出。

25.将切好的牛蹄筋装入盘中，再浇上少许卤汁即可。

卤牛蹄筋
后加工

> 辣炒牛蹄筋

La chao ti jin

01 原料准备 地道食材原汁原味

卤牛蹄筋200克，蒜薹50克，鲜辣椒末40克，姜片30克

02 调料准备 五味调和活色生香

盐4克，味精、蚝油、料酒、辣椒酱、食用油各适量

03 做法演示 烹饪方法分步详解

1.卤牛蹄筋切成块。
2.洗净的蒜薹切小段。
3.用油起锅，倒入姜片。
4.再倒入牛蹄筋，炒匀。
5.放入辣椒末，翻炒匀。
6.倒入蒜薹，拌炒匀。
7.加入盐、味精、蚝油。
8.再淋入料酒、辣椒酱，炒匀调味。
9.盛出装盘即可。

卤牛蹄筋
后加工

> 凉拌卤牛蹄筋

Liang ban lu niu jin

01 原料准备 地道食材原汁原味

卤牛蹄筋350克，红椒15克，蒜末、葱花各少许

02 调料准备 五味调和活色生香

老卤水1500毫升，芝麻油3毫升

03 做法演示 烹饪方法分步详解

1.将洗净的红椒切成3厘米长的段，切开，去籽，再切成丝。
2.将卤牛蹄筋切成小块。
3.将切好的食材分别装入盘中，备用。
4.取一个大碗，将蹄筋倒入碗中。
5.加入红椒丝、蒜末、葱花。
6.再淋入约20毫升的老卤水。
7.淋入芝麻油。
8.用筷子拌匀调味。
9.盛出装盘即可。

卤牛蹄筋后加工 > 葱烧牛蹄筋
Cong shao niu ti jin

01 原料准备 地道食材原汁原味

卤牛蹄筋200克，大葱80克，上海青50克，蒜叶30克，姜片、蒜片各少许

02 调料准备 五味调和活色生香

盐、味精、白糖、蚝油、生抽、老抽、料酒、食用油各适量

03 做法演示 烹饪方法分步详解

1.将卤牛蹄筋切块。
2.洗净的大葱切段。
3.锅中加清水烧开，加少许食用油、盐，倒入洗净的上海青，焯熟捞出，摆盘。
4.起油锅，倒入姜片、蒜片、大葱炒香。
5.倒入牛蹄筋翻炒匀。
6.淋入少许料酒，加入蚝油、生抽、老抽炒匀。
7.加盐、味精、白糖调味。
8.撒入准备好的蒜叶。
9.在锅中继续翻炒片刻。
10.盛入装有上海青的盘中即成。

卤牛蹄筋后加工 > 辣味牛蹄筋
La wei niu ti jin

01 原料准备 地道食材原汁原味

卤牛蹄筋300克，蒜末、葱花各少许

02 调料准备 五味调和活色生香

盐3克，鸡粉2克，生抽6毫升，陈醋5毫升，辣椒油5毫升，芝麻油2毫升

03 做法演示 烹饪方法分步详解

1.将卤牛蹄筋切成片。
2.把牛蹄筋片倒入碗中。
3.加入蒜末、葱花。
4.再放入适量生抽、盐、鸡粉、陈醋。
5.然后倒入辣椒油、芝麻油。
6.拌匀调味。
7.盛出装盘即可。

卤羊肉

Lu yang rou

烹饪时间	口味	功效
34分钟	咸	益气补血

营养分析 羊肉味道鲜美，富含蛋白质、维生素及多种矿物质，具有良好的温补强壮等功效，对一般风寒咳嗽、体虚怕冷、腰膝酸软、气血两亏、病后或产后身体虚亏等均有辅助治疗和补益效果。

制作指导 羊肉经常会粘有羊毛，此时可用小面团在羊肉上来回滚动，以去除羊毛。

01 原料准备 _地道食材原汁原味_

羊肉400克，猪骨300克，老鸡肉300克，姜片30克，草果15克，白蔻10克，小茴香2克，红曲米10克，香茅5克，甘草5克，桂皮6克，八角10克，砂仁6克，干沙姜15克，芫荽子5克，丁香3克，罗汉果10克，花椒5克，葱结15克，蒜头10克，肥肉50克，红葱头20克，香菜15克，隔渣袋1个

02 调料准备 _五味调和活色生香_

盐30克，生抽20毫升，老抽20毫升，鸡粉10克，料酒5毫升，白糖、食用油各适量

03 做法演示 _烹饪方法分步详解_

1. 锅中加入适量清水，放入洗净的猪骨、鸡肉。

2. 用小火熬煮约1小时。

3. 捞出鸡肉和猪骨，余下的汤料即成上汤。

4. 把熬好的上汤盛入容器中备用。

5. 把隔渣袋平放在盘中。

6. 放入香茅、甘草、桂皮、八角、砂仁、干沙姜、芫荽子。

7. 再倒入草果、红曲米、小茴香、白蔻、丁香、罗汉果。

8. 最后放入花椒，收紧袋口制成香料袋。

9. 炒锅注油烧热，放入洗净的肥肉煎至出油。

10. 倒入蒜头、红葱头、葱结、香菜，大火爆香。

11. 放入白糖，翻炒至白糖熔化。

12. 倒入备好的上汤，用大火煮沸。

13. 取下盖子，放入香料袋，转中火煮沸。

14. 揭盖，加入盐、生抽、老抽、鸡粉，拌匀入味。

15. 再盖上锅盖，转小火煮大约30分钟。

16. 取下锅盖，挑去葱结、香菜，即成精卤水。

17. 另起锅，加入适量清水烧开，放入姜片和羊肉。

18. 加入料酒拌匀，大火煮沸。

19. 撇去锅中浮沫。

20. 把汆好的羊肉捞出。

21. 将羊肉放入煮沸的卤水锅中。

22. 盖上上盖，小火卤30分钟。

23. 揭盖，把卤好的羊肉捞出。

24. 把羊肉切成块。

25. 将切好的羊肉摆入盘中，浇上少许卤汁即可。

香辣卤羊肉

Xiang la lu yang rou

烹饪时间	口味	功效
31分钟	辣	益气补血

营养分析 羊肉含有丰富的蛋白质、脂肪、维生素B₁、维生素B₂及钙、磷、铁、钾、碘等营养成分。寒冬常食羊肉，可促进血液循环，增强御寒能力。羊肉为益气补虚、温中暖下之品，对虚劳羸瘦、腰膝酸软、产后虚寒、寒疝等皆有较显著的温中补虚功效。

制作指导 羊肉煮时易缩水，因此其卤制的时间可以适量缩短，煮至七分熟即可关火，然后盖上盖子，利用余热焖15～20分钟，这样易入味，又不易缩水。

01 原料准备　地道食材原汁原味

羊肉500克，干辣椒5克，姜片20克，猪骨300克，老鸡肉300克，草果15克，白蔻10克，小茴香2克，红曲米10克，香茅5克，甘草5克，桂皮6克，八角10克，砂仁6克，干沙姜15克，芫荽子5克，丁香3克，罗汉果10克，花椒5克，葱结15克，蒜头10克，肥肉50克，红葱头20克，香菜15克，隔渣袋1个

02 调料准备　五味调和活色生香

料酒10毫升，盐30克，生抽20毫升，老抽20毫升，鸡粉10克，白糖、食用油各适量

03 做法演示　烹饪方法分步详解

1.锅中加入适量清水，放入洗净的猪骨、鸡肉。

2.用小火熬煮约1小时。

3.捞出鸡肉和猪骨，余下的汤料即成上汤。

4.把隔渣袋平放在盘中。

5.放入香茅、甘草、桂皮、八角、砂仁、干沙姜、芫荽子。

6.再倒入草果、红曲米、小茴香、白蔻、丁香、罗汉果。

7.最后放入花椒，收紧袋口制成香料袋。

8.炒锅注油烧热，放入洗净的肥肉煎至出油。

9.倒入蒜头、红葱头、葱结、香菜，大火爆香。

10.放入白糖，翻炒至白糖熔化。

11.倒入备好的上汤，盖上锅盖，用大火煮沸。

12.取下盖子，放入香料袋，转中火煮沸。

13.揭盖，加入盐、生抽、老抽、鸡粉，拌匀入味。

14.再盖上锅盖，转小火煮约30分钟。

15.取下锅盖，挑去葱结、香菜，即成精卤水。

16.另起锅，加入1500毫升清水，放入洗净的羊肉。

17.加入余下的姜片，淋入5毫升料酒。

18.大火加热煮沸，汆去血水，捞出浮沫。

19.把汆过水的羊肉捞出。

20.把干辣椒放入煮沸的卤水锅中。

21.再放入羊肉，淋入余下的料酒。

22.盖上盖，小火卤煮30分钟。

23.揭盖，把卤好的羊肉取出。

24.把羊肉斩成块，摆入盘中。

25.浇上少许卤汁即可。

卤羊肉后加工

＞ 回锅羊肉片
Hui guo yang rou pian

01 原料准备 地道食材原汁原味

卤羊肉200克，蒜苗70克，青椒50克，红椒20克，姜片、蒜末、葱白各少许

02 调料准备 五味调和活色生香

盐3克，料酒、生抽各3毫升，鸡粉少许，豆瓣酱10克，食用油适量

03 做法演示 烹饪方法分步详解

1.将洗净的青椒对半切开，剔去籽，切成小块。
2.洗净的红椒切开，剔去籽，切成小块。
3.洗净的蒜苗，切成3厘米的长段。
4.将卤羊肉切成片。
5.用油起锅，烧至三成热。
6.倒入姜片、蒜末、葱白，大火爆香。
7.倒入蒜苗、青椒、红椒，快速翻炒至断生。
8.倒入切好的羊肉片。
9.转小火，放入豆瓣酱，加入盐、鸡粉。
10.再淋入料酒、生抽。
11.翻炒至食材熟透。
12.盛出装盘即可。

卤羊肉后加工

＞ 辣拌羊肉
La ban yang rou

01 原料准备 地道食材原汁原味

卤羊肉200克，红椒15克，蒜末、葱花各少许

02 调料准备 五味调和活色生香

盐2克，鸡粉、生抽、陈醋、芝麻油、辣椒油各适量

03 做法演示 烹饪方法分步详解

1.把洗净的红椒切开，剔去籽，切成细丝，再改切成丁。
2.卤羊肉切成薄片。
3.取一干净的小碗，倒入红椒、蒜末、葱花，放入辣椒油、芝麻油。
4.加入盐、鸡粉。
5.淋入生抽、陈醋。
6.拌约半分钟，调制成味汁，待用。
7.把切好的羊肉片盛放在盘中。
8.摆放整齐。
9.均匀地浇上调好的味汁，摆好盘即成。

·第四篇·

禽肉篇

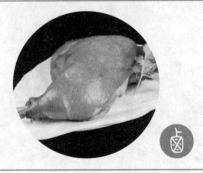

　　禽蛋类的鸡、鸭、鹅、乳鸽及其内脏是制作卤菜的常用原料，卤制成品香味独特、口味无穷、百吃不厌，更有风靡全国的卤鸡尖、卤鸭脖、卤鸭架等经典卤味。本篇中将详细介绍适合用来卤制的禽蛋类原料的卤制方法，并且有卤味的再次烹饪介绍。

卤水鸡

Lu shui ji

烹饪时间	口味	功效
31.5分钟	咸	增强免疫

营养分析 鸡肉肉质细嫩，滋味鲜美，其含有对人体生长发育有重要作用的磷脂类、矿物质及多种维生素，有增强体力、强壮身体的作用，对营养不良、畏寒怕冷、贫血等症有良好的食疗作用。

制作指导 将宰杀好的鸡放入盆中，加适量啤酒，放少许盐和胡椒，浸泡1小时，可去除鸡肉的腥味。

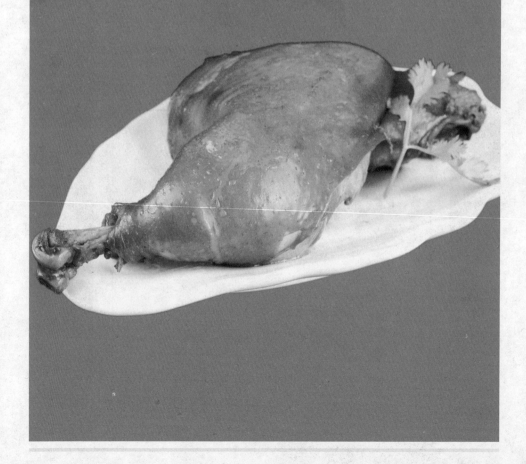

01 原料准备 地道食材原汁原味

鸡肉1000克，猪骨300克，老鸡肉300克，草果15克，白蔻10克，小茴香2克，红曲米10克，香茅5克，甘草5克，桂皮6克，八角10克，砂仁6克，干沙姜15克，芫荽子5克，丁香3克，罗汉果10克，花椒5克，葱结15克，蒜头10克，肥肉50克，红葱头20克，香菜15克，隔渣袋1个

02 调料准备 五味调和活色生香

盐30克，生抽20毫升，老抽20毫升，鸡粉10克，白糖适量，食用油25毫升

03 做法演示 烹饪方法分步详解

1.汤锅加清水，放入洗净的猪骨、鸡肉。

2.用小火熬煮约1小时。

3.捞出鸡肉和猪骨，余下的汤料即成上汤。

4.把隔渣袋平放在盘中。

5.放入香茅、甘草、桂皮、八角、砂仁、干沙姜、丁香。

6.倒入草果红曲米、小茴香、白蔻、芫荽子罗汉果。

7.最后放入花椒，扎严实，制成香料袋。

8.炒锅烧热，注入食用油，放入肥肉，煎至出油。

9.倒入蒜头、红葱头、葱结、香菜，大火爆香。

10.放入白糖，翻炒至白糖熔化。

11.倒入准备好的上汤。

12.盖上盖子，煮至沸腾。

13.取下盖子，放入香料袋。

14.盖上盖，转中火煮沸。

15.揭开盖，加入盐、生抽、老抽、鸡粉。

16.拌匀入味。

17.再盖上锅盖，转小火煮约30分钟。

18.取下锅盖，挑去葱结、香菜。

19.即成精卤水。

20.卤水锅放置火上烧开，放入洗好的鸡肉。

21.按压鸡肉使其浸没在卤水中。

22.盖上盖子，大火煮沸。

23.转用小火卤30分钟至入味。

24.揭下锅盖，捞出卤制好的鸡肉。

25.装在盘中，放凉后食用即可。

卤水鸡后加工 > 香辣孜然鸡

Xiang la zi ran ji

01 原料准备 地道食材原汁原味

卤鸡肉300克，朝天椒末15克，姜片、葱花、白芝麻各少许

02 调料准备 五味调和活色生香

盐、味精、料酒、蚝油、辣椒粉、孜然粉、食用油各适量

03 做法演示 烹饪方法分步详解

1.将卤鸡斩成块。
2.锅中倒入少许食用油，倒入姜片、朝天椒末煸香。
3.倒入卤鸡块，翻炒均匀。
4.加入盐和味精炒匀。
5.再淋入料酒、蚝油炒1分钟至入味。
6.撒入辣椒粉和孜然粉。
7.快速拌炒均匀。
8.再撒入葱花拌炒匀。
9.将炒好的孜然鸡块盛入盘内，撒上白芝麻即成。

卤水鸡后加工 > 农家尖椒鸡

Nong jia jian jiao ji

01 原料准备 地道食材原汁原味

卤鸡肉300克，青椒30克，红椒10克，荷兰豆10克，姜片、葱白各少许

02 调料准备 五味调和活色生香

盐、味精、蚝油、豆瓣酱、料酒、水淀粉、食用油各适量

03 做法演示 烹饪方法分步详解

1.洗净的青椒和红椒均切成片。
2.热锅注少许油，倒入姜片、葱白和洗好的荷兰豆。
3.加豆瓣酱炒香。
4.拌炒均匀。
5.倒入鸡块、青椒片和红椒片。
6.翻炒约2分钟至入味。
7.加盐、味精、蚝油炒匀调味。
8.再加入少许水淀粉勾芡。
9.快速拌炒至入味。
10.盛入盘内即成。

> 干椒爆仔鸡

Gan jiao bao zi ji

01 原料准备 地道食材原汁原味

卤鸡肉250克，干辣椒15克，生姜、葱各少许

02 调料准备 五味调和活色生香

盐、味精、料酒、老抽、辣椒酱、辣椒油、食用油各适量

03 做法演示 烹饪方法分步详解

1.干辣椒洗净，切段。
2.生姜洗净，切成片。
3.葱洗净，切成段。
4.卤鸡肉斩成块。
5.锅中倒入适量食用油，倒入干辣椒、生姜片爆香。
6.再放入辣椒酱炒匀。
7.倒入鸡块翻炒。
8.加料酒拌匀，再放入盐、味精、老抽调味。
9.最后淋入辣椒油炒匀。
10.撒入葱段拌炒熟即成。

> 杭椒小炒鸡

Hang jiao xiao chao ji

01 原料准备 地道食材原汁原味

卤鸡肉200克，青、红杭椒各40克，葱、姜末各10克

02 调料准备 五味调和活色生香

蚝油5克，料酒5毫升，盐3克，豆瓣酱、食用油各适量

03 做法演示 烹饪方法分步详解

1.青、红杭椒均去蒂洗净。
2.卤鸡肉切成小块，备用。
3.锅中倒入适量食用油，烧热。
4.放入青、红杭椒，再加入适量豆瓣酱，炒出香味。
5.倒入切好的卤鸡肉，翻炒。
6.再加入蚝油、料酒拌炒至鸡肉水分完全收干。
7.放入盐，翻炒均匀即可出锅。

卤鸡腿

Lu ji tui

烹饪时间	口味	功效	适合人群
21分钟	鲜	保肝护肾	男性

营养分析 鸡肉肉质细嫩，滋味鲜美，含有丰富的蛋白质，而且消化率高，很容易被人体吸收利用。鸡肉含有对人体发育有重要作用的磷脂类、矿物质及多种维生素，有增强体力、强壮身体的作用，对营养不良、畏寒怕冷、贫血等症有良好的食疗作用。此外，鸡肉还具有温中补脾、益气补血、补肾益精的功效。

制作指导 在熄火后，鸡腿继续在卤汁中浸泡一会儿，吃的时候再装盘，味道会更好。

01 原料准备 *地道食材原汁原味*

鸡腿250克，猪骨300克，老鸡肉300克，草果15克，白蔻10克，小茴香2克，红曲米10克，香茅5克，甘草5克，桂皮6克，八角10克，砂仁6克，干沙姜15克，芫荽子5克，丁香3克，罗汉果10克，花椒5克，葱结15克，蒜头10克，肥肉50克，红葱头20克，香菜15克，隔渣袋1个

02 调料准备 *五味调和活色生香*

盐30克，生抽20毫升，老抽20毫升，鸡粉10克，白糖、食用油各适量

03 做法演示 *烹饪方法分步详解*

1.锅中加入适量清水，放入洗净的猪骨、鸡肉。

2.盖上盖，用大火烧热，煮至沸腾。

3.揭开盖，撇去汤中浮沫。

4.再盖好盖，转用小火熬煮约1小时。

5.捞出鸡肉和猪骨，余下的汤料即成上汤。

6.把熬好的上汤盛入容器中备用。

7.把隔渣袋平放在盘中。

8.放入香茅、甘草、桂皮、八角、砂仁、干沙姜、芫荽子。

9.再倒入草果、红曲米、小茴香、白蔻、丁香、罗汉果。

10.最后放入花椒，收紧袋口制成香料袋。

11.炒锅注油烧热，放入洗净的肥肉煎至出油。

12.倒入蒜头、红葱头、葱结、香菜，大火爆香。

13.放入白糖，翻炒至白糖熔化。

14.倒入准备好的上汤。

15.盖上锅盖，用大火煮沸。

16.取下盖子，放入香料袋，再煮沸。

17.加入盐、生抽、老抽、鸡粉搅拌匀入味。

18.再盖上锅盖，转小火煮大约30分钟。

19.取下锅盖，挑去葱结、香菜。

20.即成精卤水。

21.在鸡腿上打上花刀，装入盘中备用。

22.把鸡腿放入煮沸的卤水锅中。

23.盖上盖，用小火卤制20分钟。

24.揭盖，把卤好的鸡腿捞出。

25.将鸡腿装入盘中即可。

卤鸡翅

Lu ji chi

烹饪时间	口味	功效
12分钟	咸	增强免疫

营养分析〉鸡翅含有大量可强健血管及皮肤的成胶原及弹性蛋白等，对于血管、皮肤及内脏颇具效果。翅膀内所含大量的维生素A，远超过青椒。对视力、生长、上皮组织及骨骼的发育、精子的生成和胎儿的生长发育都是必需的。

制作指导〉氽鸡翅时加入少许料酒可有效去除其腥味。

01 原料准备　地道食材原汁原味

鸡中翅300克，猪骨300克，老鸡肉300克，草果15克，白蔻10克，小茴香2克，红曲米10克，香茅5克，甘草5克，桂皮6克，八角10克，砂仁6克，干沙姜15克，芫荽子5克，丁香3克，罗汉果10克，花椒5克，葱结15克，蒜头10克，肥肉50克，红葱头20克，香菜15克，隔渣袋1个

02 调料准备　五味调和活色生香

盐30克，生抽20毫升，老抽20毫升，鸡粉10克，白糖、料酒、食用油各适量

03 做法演示　烹饪方法分步详解

1. 锅中加水，放入洗净的猪骨、鸡肉。

2. 盖上盖，用大火烧热，煮至沸腾。

3. 揭开盖，撇去汤中浮沫。

4. 再盖好盖，转用小火熬煮约1小时。

5. 捞出鸡肉和猪骨，余下的汤料即成上汤。

6. 把熬好的上汤盛入容器中备用。

7. 把隔渣袋平放在盘中。

8. 放入香茅、甘草、桂皮、八角、砂仁、干沙姜、芫荽子。

9. 再倒入草果、红曲米、小茴香、白蔻。

10. 再放入丁香、罗汉果、花椒，扎紧袋口，成香料袋。

11. 炒锅注油烧热，放入肥肉，煎至出油。

12. 倒入蒜头、红葱头、葱结、香菜，大火爆香。

13. 放入白糖，翻炒至白糖熔化。

14. 倒入备好的上汤，大火煮沸。

15. 取下盖子，放入香料袋，大火煮沸。

16. 加入盐、生抽、老抽、鸡粉拌匀入味。

17. 再盖上锅盖，转小火煮约30分钟。

18. 取下锅盖，挑去葱结、香菜，即成精卤水。

19. 另取一锅，加入适量清水烧开后倒入鸡中翅。

20. 加入料酒，余大约2分钟，以除去血水。

21. 把氽过水的鸡中翅捞出，备用。

22. 把鸡中翅放入煮沸的卤水锅中。

23. 加盖，转小火卤10分钟至入味。

24. 揭盖，把卤好的鸡中翅捞出，装入盘中。

25. 浇上少许卤汁即可。

卤鸡翅尖

Lu ji chi jian

烹饪时间	口味	功效
16分钟	咸	开胃消食

营养分析 鸡翅尖含蛋白质、脂肪、钙、磷、铁、镁、钾等成分，适用于辅助治疗虚损赢瘦、脾胃虚弱、食少反胃、气血不足、头晕心悸、肾虚所致的小便频数、耳鸣耳聋、脾虚水肿等病症。此外，鸡翅尖消化吸收率高，很容易被人体吸收利用，有增强体力的作用。

制作指导 鸡翅尖氽水后打上花刀，再进行卤制，这样会使其更易入味。

01 原料准备 地道食材原汁原味

鸡翅尖250克，姜片15克，猪骨300克，老鸡肉300克，香料包（草果15克，白蔻10克，小茴香2克，红曲米10克，香茅5克，甘草5克，桂皮6克，八角10克，砂仁6克，干沙姜15克，芫荽子5克，丁香3克，罗汉果10克，花椒5克，隔渣袋1个），葱结15克，蒜头10克，肥肉50克，红葱头20克，香菜15克

02 调料准备 五味调和活色生香

盐30克，生抽20毫升，老抽20毫升，鸡粉10克，白糖、食用油各适量

03 做法演示 烹饪方法分步详解

1.锅中加适量清水，放入洗净的猪骨、鸡肉。

2.小火熬煮大约1小时。

3.捞出鸡肉和猪骨，余下的汤料即成上汤。

4.把熬好的上汤盛入容器中备用。

5.把隔渣袋打开，放入香料包中要用到的香料。

6.依次放入香料后，扎紧袋口。

7.炒锅注油烧热，放入肥肉后煎至出油。

8.倒入蒜头、红葱头、葱结、香菜，大火爆香。

9.放入白糖，翻炒至白糖熔化。

10.倒入备好的上汤，用大火煮沸。

11.取下盖子，放入香料包。

12.盖上盖，转中火煮沸。

13.揭开盖，加入盐、生抽、老抽、鸡粉。

14.拌匀入味。

15.再盖上锅盖，转小火煮约30分钟。

16.取下锅盖，挑去葱结、香菜。

17.精制卤水即成。

18.另起锅，注入适量清水，放入洗净的鸡尖。

19.盖上盖，大火煮沸。

20.揭开盖，撇去锅中浮沫。

21.将汆煮好的鸡尖捞出备用。

22.把姜片放入煮沸的卤水锅中，再放入鸡尖。

23.盖上盖，用小火卤制15分钟。

24.揭盖，把卤好的鸡尖捞出。

25.将鸡尖装入盘中即可。

卤鸡架

Lu ji jia

烹饪时间	口味	功效
22分钟	咸	保肝护肾

营养分析 鸡骨架含有丰富的钙，可促进骨质代谢，刺激骨基质和骨细胞生长，使钙盐在骨组织中沉积。此外，鸡骨架还有促进肝气循环、消除寒气、补气血的作用，适用于防治腰酸、四肢发冷、畏寒、水肿等症状。产妇常食鸡骨架，可通乳汁、补身体、促康复。

制作指导 汆过水的鸡骨架宜用流水把鸡骨架表面附着的浮沫冲洗干净，沥干水再卤制。

01 原料准备 地道食材原汁原味

鸡骨架500克，姜片10克，葱条6克，猪骨300克，老鸡肉300克，草果15克，白蔻10克，小茴香2克，红曲米10克，香茅5克，甘草5克，桂皮6克，八角10克，砂仁6克，干沙姜15克，芫荽子5克，丁香3克，罗汉果10克，花椒5克，葱结15克，蒜头10克，肥肉50克，红葱头20克，香菜15克，隔渣袋1个

02 调料准备 五味调和活色生香

盐30克，生抽20毫升，老抽20毫升，鸡粉10克，料酒8毫升，白糖、食用油各适量

03 做法演示 烹饪方法分步详解

1.锅中加适量清水，放入洗净的猪骨、鸡肉。

2.用小火熬煮约1小时。

3.再捞出鸡肉和猪骨，余下的汤料即成上汤。

4.把隔渣袋平放在盘中。

5.放入香茅、甘草、桂皮、八角、砂仁、干沙姜、芫荽子。

6.再倒入草果、红曲米、小茴香、白蔻、丁香、罗汉果。

7.最后放入花椒，收紧袋口，制成香料袋。

8.炒锅注油烧热，放入肥肉后煎至出油。

9.倒入蒜头、红葱头、葱结、香菜，大火爆香。

10.放入白糖，翻炒至白糖熔化。

11.倒入备好的上汤，用大火煮沸。

12.取下盖子，放入香料袋，转为中火煮沸。

13.加入盐、生抽、老抽、鸡粉等拌匀入味。

14.盖上锅盖，转小火煮约30分钟。

15.取下锅盖，挑去葱结、香菜，即成精卤水。

16.锅中倒入适量清水。

17.放入洗净的鸡骨架，汆煮片刻。

18.撇去锅中浮沫。

19.将汆煮好的鸡骨架捞出备用。

20.把姜片和葱条放进煮沸的卤水锅中，放入鸡骨架。

21.盖上盖，用小火卤制20分钟。

22.揭盖，挑去葱条。

23.将卤好的鸡骨架捞出，沥干卤水。

24.把鸡骨架斩成块，装入盘中。

25.再浇上少许卤汁即可。

卤凤爪

Lu feng zhua

烹饪时间	口味	功效	适合人群
32分钟	鲜	美容养颜	女性

营养分析 鸡爪营养丰富，含有丰富的蛋白质、脂肪、维生素、胶原蛋白及钙、铁、磷、镁等多种矿物质。常食鸡爪不但能软化血管，还具有美容的功效，可以使皮肤细嫩柔滑。

制作指导 鸡爪洗净后，可放入加有适量醋或啤酒的清水中，这样不但可去除异味，还可使鸡爪更脆嫩。

01 原料准备　地道食材原汁原味

鸡爪100克，葱条、姜片各少许，香叶5克，桂皮6克，八角10克，小茴香4克，丁香3克，干沙姜10克，葱结15克，红葱头25克，蒜头20克，香菜10克，肥肉100克，隔渣袋1个

02 调料准备　五味调和活色生香

盐23克，白糖17克，鸡粉9克，冰糖20克，生抽25毫升，老抽10毫升，蚝油10克，味精15克，上汤2000毫升，料酒、食用油各适量

03 做法演示　烹饪方法分步详解

1.将隔渣袋放置在盘中，打开袋口。

2.放入香叶、桂皮、八角、小茴香、丁香、干沙姜。

3.收紧袋口，扎严实，制成香料袋。

4.炒锅注油烧热，放入洗净的肥肉煎至出油。

5.倒入葱结、香菜、红葱头和蒜头，大火爆香。

6.注入适量上汤。

7.盖上盖，然后煮至沸腾。

8.揭开锅盖，放入香料袋，加入鸡粉、盐。

9.倒入冰糖。

10.再淋入生抽、老抽。

11.拌匀入味。

12.再放入蚝油、味精、白糖，拌匀。

13.盖上盖，转小火煮约20分钟。

14.即成卤水。

15.锅中注入适量清水烧开，倒入洗好的鸡爪。

16.氽烫至断生，捞出沥水备用。

17.另起锅烧热，倒入卤水。

18.放入鸡爪、姜片、葱条，拌匀。

19.盖上盖，煮至沸。

20.揭开盖，加盐、鸡粉、白糖、料酒调味。

21.盖上盖，用中小火焖煮约10分钟至熟。

22.关火，再浸20分钟至入味。

23.将卤好的鸡爪取出，沥干卤水。

24.放入盘中即可。

卤鸡杂

Lu ji za

烹饪时间	口味	功效
14分钟	咸	保肝护肾

营养分析〉鸡杂是鸡杂碎的统称，包括鸡心、鸡肝、鸡肠和鸡胗等，其鲜美可口，而且含有多种营养元素。中医认为，鸡杂皆有助消化、和脾胃之功效，能健胃消食、润肤养肌。

制作指导〉鸡杂切片时不宜切得太厚，太厚则不容易入味。

01 原料准备 地道食材原汁原味

鸡杂300克，香菜少许，猪骨300克，老鸡肉300克，草果15克，白蔻10克，小茴香2克，红曲米10克，香茅5克，甘草5克，桂皮6克，八角10克，砂仁6克，干沙姜15克，芫荽子5克，丁香3克，罗汉果10克，花椒5克，葱结15克，蒜头10克，肥肉50克，红葱头20克，香菜15克，隔渣袋1个

02 调料准备 五味调和活色生香　　盐33克，白糖5克，生抽28毫升，老抽25毫升，鸡粉12克，食用油适量

03 做法演示 烹饪方法分步详解

1.锅中加入适量清水，放入洗净的猪骨、鸡肉。

2.盖上盖，用大火烧热，煮至沸腾。

3.揭开盖，撇去汤中浮沫。

4.再盖好盖，转用小火熬煮约1小时。

5.捞出鸡肉和猪骨，余下的汤料即成上汤。

6.把隔渣袋平放在盘中。

7.放入香茅、甘草、桂皮、八角、砂仁、干沙姜、芫荽子。

8.再倒入草果、红曲米、小茴香、白蔻、丁香、罗汉果。

9.最后放入花椒，收紧袋口制成香料袋。

10.炒锅注油烧热，放入洗净的肥肉煎至出油。

11.倒入蒜头、红葱头、葱结、香菜，大火爆香。

12.放入白糖，翻炒至白糖熔化。

13.倒入备好的上汤，盖上锅盖，用大火煮沸。

14.取下盖子，放入香料袋，转中火煮沸。

15.加入盐、生抽、老抽、鸡粉拌匀至入味。

16.再盖上锅盖，转小火煮大约30分钟。

17.取下锅盖，挑去葱结、香菜，即成精卤水。

18.把鸡杂放入煮沸的卤水中。

19.淋入少许老抽，加入适量盐。

20.再加入适量生抽、白糖、鸡粉。

21.盖上锅盖，烧开后转小火卤10分钟至入味。

22.揭开锅盖，把卤熟的鸡杂捞出，凉凉。

23.将凉凉的鸡杂切成片。

24.取一个碟子，放入切好的鸡杂，再加入少许卤汁。

25.摆上洗净的香菜即可。

卤鸡杂后加工 > 春笋炒鸡胗

Chun sun chao ji zhen

01 原料准备 地道食材原汁原味

卤鸡胗350克，春笋300克，红椒15克，姜片、蒜末、葱白各少许

02 调料准备 五味调和活色生香

盐、鸡粉、生抽、料酒、食用油各适量

03 做法演示 烹饪方法分步详解

1.将洗净的春笋切成片，装入盘中备用。
2.将洗净的红椒切片，装入盘中备用。
3.将卤鸡胗切片。
4.锅中倒入适量清水烧开，放入春笋煮约半分钟，捞出备用。
5.用油起锅，倒入姜片、蒜末、葱白、红椒，炒香。
6.倒入鸡胗，翻炒匀。
7.淋入少许料酒，炒匀。
8.倒入春笋。
9.加盐、鸡粉、生抽，炒匀。
10.将锅中食材炒至入味，装盘即可。

卤鸡杂后加工 > 泡椒鸡胗

Pao jiao ji zhen

01 原料准备 地道食材原汁原味

卤鸡胗200克，泡椒50克，红椒圈、姜片、蒜末、葱白各少许

02 调料准备 五味调和活色生香

盐3克，味精3克，蚝油3克，食用油适量

03 做法演示 烹饪方法分步详解

1.把卤鸡胗切成片。
2.将泡椒切成段。
3.热锅注油，烧至四成热，倒入鸡胗。
4.滑油片刻捞出备用。
5.锅底留油，倒入姜片、蒜末、葱白、红椒圈爆香，再倒入切好的泡椒。
6.再加入鸡胗炒约2分钟至熟透。
7.加入盐、味精、蚝油炒匀调味。
8.盛出装盘即可。

卤鸡杂后加工

> 酸萝卜炒鸡胗

Suan luo bo chao ji zhen

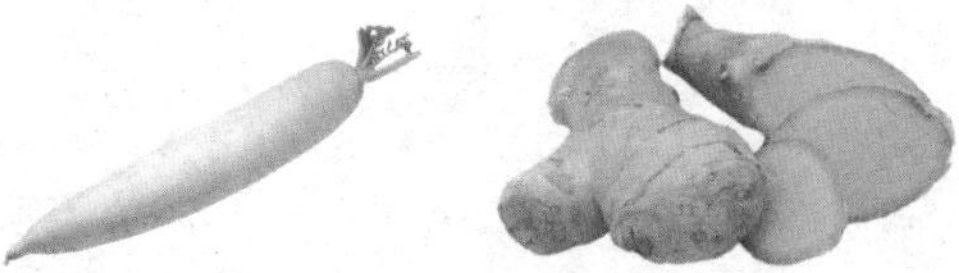

01 原料准备 地道食材原汁原味

卤鸡胗250克，酸萝卜250克，姜片、蒜末、葱白各少许

02 调料准备 五味调和活色生香

味精、盐、白糖、料酒、辣椒酱、食用油各适量

03 做法演示 烹饪方法分步详解

1.将卤鸡胗切成片。
2.用油起锅，入姜片、蒜末、葱白。
3.然后倒入鸡胗炒香。
4.倒入料酒炒匀。
5.再加入酸萝卜翻炒至熟。
6.放味精、盐、白糖。
7.再加入少许清水翻炒至入味。
8.加辣椒酱炒匀。
9.盛入盘中即可。

卤鸡杂后加工

> 芹菜炒鸡杂

Qin cai chao ji za

01 原料准备 地道食材原汁原味

卤鸡杂200克，芹菜120克，生姜片、红椒丝各少许

02 调料准备 五味调和活色生香

盐2克，味精、蚝油、食用油各适量

03 做法演示 烹饪方法分步详解

1.将洗好的芹菜切段。
2.将卤鸡杂切片。
3.热锅注油烧热，倒入生姜片炒匀爆香。
4.倒入鸡杂，翻炒片刻。
5.倒入芹菜，炒1分钟至熟透。
6.放入红椒丝。
7.加盐、味精、蚝油调味，翻炒均匀。
8.盛入盘中即成。

五香茶叶蛋

Wu xiang cha ye dan

烹饪时间	口味	功效
32.5分钟	咸	增强免疫

营养分析 鸡蛋中的蛋白质对肝脏组织损伤有修复作用。蛋黄中的卵磷脂可促进肝细胞的再生，还可提高人体血浆蛋白量，增强肌体的代谢功能和免疫功能。鸡蛋中的铁含量丰富，利用率100%，是人体铁的良好来源。

制作指导 鸡蛋卤的时间略长些，至蛋壳裂开更入味，味道更佳。

01 原料准备 地道食材原汁原味

鸡蛋5个，八角、桂皮、香叶、红茶叶各5克

02 调料准备 五味调和活色生香　　盐、鸡粉各5克，老抽15毫升

03 做法演示 烹饪方法分步详解

1.锅中加入适量清水。

2.放入鸡蛋。

3.盖上锅盖，用大火将水烧开后，转慢火煮15分钟至熟。

4.揭开锅盖，把煮熟的鸡蛋捞出。

5.把香料、茶叶依次倒入沸水锅中。

6.加入老抽。

7.加入盐、鸡粉，调味。

8.加入鸡蛋，轻轻拍打蛋壳几下，以便煮入味。

9.盖上锅盖，慢火煮15分钟至入味。

10.揭开锅盖，将鸡蛋捞出。

11.装盘即可。

☆ 小贴士

1.煮鸡蛋时为防止鸡蛋破裂可在水中加点盐，或在煮鸡蛋时将水煮到九成开。将锅端下来，约停3分钟，关小火后继续煮，煮到鸡蛋熟，这样也可防止鸡蛋崩裂。

2.卤汤用过一两次后可加些调料、精盐继续使用，但要清除残渣。

卤水鸭

Lu shui ya

烹饪时间	口味	功效
31.5分钟	咸	增强免疫

营养分析 鸭肉营养价值很高，富含蛋白质、脂肪、碳水化合物、维生素A及磷、钾等矿物质。其中，鸭肉中的脂肪酸主要是不饱和脂肪酸和低碳饱和脂肪酸，易于消化。鸭肉有补肾、消水肿、止咳化痰的功效，对于肺结核病症有很好的食疗作用。

制作指导 鸭肉腥味较重，其腥味源自于鸭子尾端两侧的腥豆，卤制时，应先将腥豆去掉，以改善成菜的口味。

01 原料准备 地道食材原汁原味

鸭肉1000克，猪骨300克，老鸡肉300克，草果15克，白蔻10克，小茴香2克，红曲米10克，香茅5克，甘草5克，桂皮6克，八角10克，砂仁6克，干沙姜15克，芫荽子5克，丁香3克，罗汉果10克，花椒5克，葱结15克，蒜头10克，肥肉50克，红葱头20克，香菜15克，隔渣袋1个

02 调料准备 五味调和活色生香

盐30克，生抽20毫升，老抽20毫升，鸡粉10克，白糖适量，食用油25毫升

03 做法演示 烹饪方法分步详解

1.锅中加入适量清水，放入洗净的猪骨、鸡肉。

2.用小火熬煮约1小时。

3.捞出鸡肉和猪骨，余下的汤料即成上汤。

4.把隔渣袋平放在盘中。

5.放入香茅、甘草、桂皮、八角、砂仁、干沙姜、芫荽子。

6.再倒入草果、红曲米、小茴香、白蔻、丁香、罗汉果。

7.最后放入花椒，收紧袋口，制成香料袋。

8.炒锅注油烧热，放入洗净的肥肉煎至出油。

9.倒入蒜头、红葱头、葱结、香菜，大火爆香。

10.放入白糖，翻炒至白糖熔化。

11.倒入准备好的上汤。

12.盖上锅盖，用大火煮沸。

13.取下盖子，放入香料袋。

14.盖上盖，转中火煮沸。

15.揭开盖，加入盐、生抽、老抽、鸡粉。

16.拌匀入味。

17.再盖上锅盖，转小火煮大约30分钟。

18.取下锅盖，挑去葱结、香菜，即成精卤水。

19.卤水锅用大火烧开。

20.再放入洗净的鸭肉。

21.盖上盖子，大火煮沸。

22.转用小火卤20分钟至入味。

23.揭下锅盖，捞出卤好的鸭肉。

24.装在盘中，放凉后食用即可。

卤鸭腿

Lu ya tui

烹饪时间	口味	功效	适合人群
21分钟	咸	保肝护肾	男性

营养分析 鸭肉的B族维生素和维生素E的含量较其他肉类多，能有效抵抗多种炎症，还能抗衰老。鸭肉富含的烟酸是构成人体内两种重要辅酶的成分之一，对心肌梗死等心脏疾病患者有保护作用。

制作指导 卤制鸭腿前，先用清水浸泡鸭腿，能有效去除血水，保持卤水较长时间不变质。

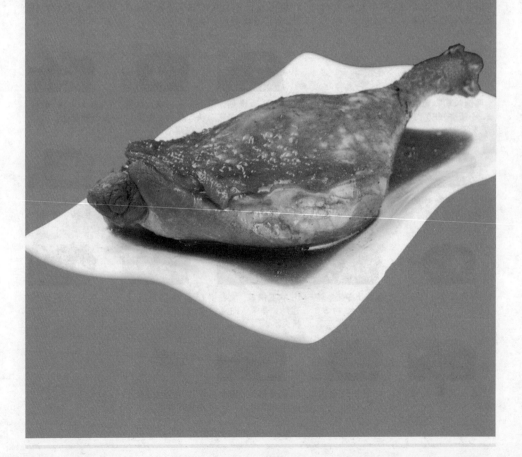

01 原料准备 地道食材原汁原味

鸭腿200克，猪骨300克，老鸡肉300克，草果15克，白蔻10克，小茴香2克，红曲米10克，香茅5克，甘草5克，桂皮6克，八角10克，砂仁6克，干沙姜15克，芫荽子5克，丁香3克，罗汉果10克，花椒5克，葱结15克，蒜头10克，肥肉50克，红葱头20克，香菜15克，隔渣袋1个

02 调料准备 五味调和活色生香

盐30克，生抽20毫升，老抽20毫升，鸡粉10克，白糖、食用油各适量

03 做法演示 烹饪方法分步详解

1.锅中加入适量清水，放入洗净的猪骨、鸡肉。

2.盖上盖，用大火烧热，煮至沸腾。

3.揭开盖，撇去汤中浮沫。

4.再盖好盖，转用小火熬煮约1小时。

5.捞出鸡肉和猪骨，余下的汤料即成上汤。

6.把熬好的上汤盛入容器中备用。

7.把隔渣袋平放在盘中。

8.放入香茅、甘草、桂皮、八角、砂仁、干沙姜、芫荽子。

9.再倒入草果、红曲米、小茴香、白蔻、丁香、罗汉果。

10.最后放入花椒，收紧袋口，制成香料袋。

11.炒锅注油烧热，放入洗净的肥肉煎至出油。

12.倒入蒜头、红葱头、葱结、香菜，大火爆香。

13.放入白糖，翻炒至白糖熔化。

14.倒入准备好的上汤。

15.盖上锅盖，用大火煮沸。

16.取下盖子，放入香料袋。

17.盖上盖，转中火煮沸。

18.揭开盖，加入盐、生抽、老抽、鸡粉。

19.拌匀入味。

20.再盖上锅盖，转小火煮大约30分钟。

21.取下锅盖，挑去葱结、香菜，即成精卤水。

22.把洗净的鸭腿放入煮沸的卤水锅中。

23.盖上盖，小火卤20分钟。

24.揭盖，把卤好的鸭腿捞出，装入盘中。

25.浇上少许卤汁即可。

卤水鸭头

Lu shui ya tou

烹饪时间	口味	功效
32.5分钟	咸	益气补血

营养分析 鸭头含有丰富的B族维生素和维生素E，具有滋五脏之阴、清虚劳之热、补血行水、养胃生津、止咳息惊等功效。经常食用鸭头除能补充人体必需的多种营养成分外，对一些低热、食少、口干和水肿的人也有很好的食疗功效。

制作指导 鸭头的杂质和污物比较多，在卤制前一定要用清水多冲洗几次，尤其是鸭喉管和舌头的部位。

01 原料准备 地道食材原汁原味

鸭头150克，猪骨300克，老鸡肉300克，草果15克，白蔻10克，小茴香2克，红曲米10克，香茅5克，甘草5克，桂皮6克，八角10克，砂仁6克，干沙姜15克，芫荽子15克，罗汉果10克，花椒5克，葱结15克，蒜头10克，肥肉50克，红葱头20克，香菜15克，隔渣袋1个

02 调料准备 五味调和活色生香

盐30克，生抽20毫升，老抽20毫升，鸡粉10克，白糖、食用油各适量

03 做法演示 烹饪方法分步详解

1.锅中加入适量清水，放入洗净的猪骨、鸡肉。

2.用小火熬煮约1小时。

3.捞出鸡肉和猪骨，余下的汤料即成上汤。

4.把熬好的上汤盛入容器中备用。

5.把隔渣袋平放在盘中。

6.放入香茅、甘草、桂皮、八角、砂仁、干沙姜、芫荽子。

7.再倒入草果、红曲米、小茴香、白蔻、丁香、罗汉果。

8.最后放入花椒，收紧袋口，制成香料袋。

9.炒锅注油烧热，放入洗净的肥肉煎至出油。

10.倒入蒜头、红葱头、葱结、香菜，大火爆香。

11.放入白糖，翻炒至白糖熔化。

12.倒入准备好的上汤。

13.盖上锅盖，用大火煮沸。

14.取下盖子，放入香料袋。

15.盖上盖，转中火煮沸。

16.揭盖，加入盐、生抽、老抽、鸡粉。

17.拌匀入味。

18.再盖上锅盖，转小火煮大约30分钟。

19.取下锅盖，挑去葱结、香菜，即成精卤水。

20.把洗净的鸭头放入煮沸的卤水锅中。

21.盖上盖，烧开，用小火卤煮30分钟。

22.揭盖，把卤好的鸭头取出。

23.把鸭头切成块。

24.把切好的鸭头装入盘中。

25.浇上少许卤汁即可食用。

香辣鸭头

Xiang la ya tou

烹饪时间	口味	功效
31.5分钟	辣	开胃消食

营养分析 鸭头含有丰富的B族维生素和维生素E，具有滋五脏之阴、清虚劳之热、平肝去火等功效。经常食用鸭头除能补充人体必需的多种营养成分外，对一些低热、食少、口干和水肿的人也有很好的食疗功效。

制作指导 鸭头出锅时会比较咸，摆放一段时间后流失一些水分，味道就刚刚好。

01 原料准备　地道食材原汁原味

鸭头150克，干辣椒5克，花椒3克，草果10克，香叶3克，桂皮10克，干姜8克，八角7克，姜片20克，葱结15克

02 调料准备　五味调和活色生香

豆瓣酱10克，麻辣鲜露5毫升，盐25克，味精20克，生抽20毫升，老抽10毫升，食用油适量

03 做法演示　烹饪方法分步详解

1.油锅烧热后放入姜片、葱结，用大火爆炒香。

2.再倒入草果、香叶、桂皮、干姜、八角，翻炒均匀。

3.转中火，加入豆瓣酱，炒匀。

4.注入大约1000毫升清水。

5.倒入麻辣鲜露。

6.加入盐、味精，淋入生抽、老抽，拌匀。

7.盖上锅盖，大火煮至沸，转小火再煮约30分钟。

8.揭盖，即制成川味卤水。

9.汤锅中倒入适量卤水煮沸，倒入干辣椒、花椒，再放入鸭头。

10.盖上盖，小火卤煮30分钟。

11.揭盖，把卤好的鸭头取出装盘。

12.浇上少许卤汁即可。

☆ 小贴士

1.卤制鸭头时，要先煮好卤水，因为鸭头的肉讲究丝丝入味，而且嚼的时候还是要有点劲道才好，但是煮的时间短的话（比如鸭头和卤水一起煮制），味道就进不去，而如果在卤水里煮太久又容易烂，所以卤水需先行煮好。

2.香辣鸭头，不但口感鲜美，回味无穷，还具有益气补虚、降血脂以及养颜美容等功效。我国传统中医认为鸭属凉性，经常食之，平肝去火。

卤水鸭翅

Lu shui ya chi

烹饪时间	口味	功效	适合人群
22分钟	辣	益气补血	女性

营养分析 鸭翅性寒、味甘、咸，归脾、胃、肺、肾经，其含有蛋白质、磷脂类、矿物质及多种维生素，可大补虚劳、滋五脏之阴、清虚劳之热、补血行水、养胃生津、清热健脾，防治身体虚弱、病后体虚、营养不良性水肿。

制作指导 鸭翅拔毛后还会有些细小的毛，可以用火烧的方式去除。

01 原料准备 地道食材原汁原味

鸭翅350克，猪骨300克，老鸡肉300克，草果15克，白蔻10克，小茴香2克，红曲米10克，香茅5克，甘草5克，桂皮6克，八角10克，砂仁6克，干沙姜15克，芫荽子5克，丁香3克，罗汉果1个，花椒5克，葱结15克，蒜头10克，肥肉50克，红葱头20克，香菜15克，隔渣袋1个

02 调料准备 五味调和活色生香

盐30克，生抽20毫升，老抽20毫升，鸡粉10克，料酒5毫升，白糖、食用油各适量

03 做法演示 烹饪方法分步详解

1.锅中加入适量清水，放入洗净的猪骨、鸡肉。

2.盖上盖，用大火烧热，煮至沸腾。

3.揭开盖，撇去汤中浮沫。

4.再盖好盖，转用小火熬煮约1小时。

5.捞出鸡肉和猪骨，余下的汤料即成上汤。

6.把熬好的上汤盛入容器中备用。

7.把隔渣袋平放在盘中。

8.放入香茅、甘草、桂皮、八角、砂仁、干沙姜、芫荽子。

9.再倒入草果、红曲米、小茴香、白蔻、丁香、罗汉果。

10.最后放入花椒，收紧袋口制成香料袋。

11.炒锅注油烧热，放入洗净的肥肉煎至出油。

12.倒入蒜头、红葱头、葱结、香菜，大火爆香。

13.放入白糖，翻炒至白糖熔化。

14.倒入备好的上汤，盖上锅盖，用大火煮沸。

15.取下盖子，放入香料袋。

16.盖上盖，转中火煮沸。

17.加入盐、生抽、老抽、鸡粉等拌匀入味。

18.再盖上锅盖，转小火煮大约30分钟。

19.取下锅盖，挑去葱结、香菜，即成精卤水。

20.将洗净的鸭翅放入煮沸的卤水锅中。

21.盖上盖，小火卤煮20分钟。

22.揭盖，把卤好的鸭翅取出。

23.把鸭翅切成块。

24.将切好的鸭翅摆入盘中。

25.浇上少许卤汁即可。

卤鸭掌

Lu ya zhang

烹饪时间	口味	功效	适合人群
30分钟	鲜	增强免疫	女性

营养分析 鸭掌含有丰富的胶原蛋白，和同等质量的熊掌的营养相当。从营养学角度讲，鸭掌含丰富的蛋白质、低糖，少有脂肪，是绝佳的减肥食品。

制作指导 烹饪此菜时，将过水的鸭掌剔去骨头再烹饪，鸭掌更易入味。

01 原料准备 地道食材原汁原味

鸭掌350克，隔渣袋1个，红曲米、草果、
花椒、姜、葱、沙姜、冰糖、香叶、丁香
各少许

02 调料准备 五味调和活色生香　老卤水、盐、味精、鸡粉、白酒各适量

03 做法演示 烹饪方法分步详解

1.锅中注入适量清水。

2.放入洗净的鸭掌。

3.加上盖，用大火煮
沸，氽去血水。

4.揭开盖，把氽过水
的鸭掌捞出，沥干水
分备用。

5.鸭掌捞出，切去爪尖。

6.把各香料及冰糖装入
隔渣袋。

7.老卤水倒入锅中。

8.放入鸭掌和香料袋。

9.加入适量盐、味精、
鸡粉、白酒。

10.盖上盖，再煮大约
20分钟。

11.揭开盖，取出卤好的
鸭掌。

12.取出装盘即成。

☆ 小贴士

1.卤制鸭掌时，应保持小火慢卤，让汤汁的味道慢慢进入鸭掌中，卤好后关火再浸泡30分钟，可使
鸭掌色泽美观，口感软糯细嫩。

2.鸭掌具有丰富的营养价值，一般人均可食用，尤其适合营养不良者。

卤鸭脖

lu ya bo

烹饪时间	口味	功效
20分钟	鲜	瘦身排毒

营养分析 中医认为，鸭肉味甘微咸，性偏凉，无毒，入脾、胃、肺及肾经，具有滋五脏之阴、清虚劳之热、补血行水、养胃生津、止咳息惊等功效。

制作指导 鸭脖子一定要先汆水再卤制，否则腥味太重。

01 原料准备 地道食材原汁原味

鸭脖200克，姜片20克，猪骨300克，老鸡肉300克，草果15克，白蔻10克，小茴香2克，红曲米10克，香茅5克，甘草5克，桂皮6克，八角10克，砂仁6克，干沙姜15克，芫荽子5克，丁香3克，罗汉果10克，花椒5克，葱结15克，蒜头10克，肥肉50克，红葱头20克，香菜15克，隔渣袋1个

02 调料准备 五味调和活色生香

盐30克，生抽20毫升，老抽20毫升，鸡粉10克，料酒、白糖、食用油各适量

03 做法演示 烹饪方法分步详解

1.锅中加入适量清水，放入洗净的猪骨、鸡肉。

2.小火熬煮大约1小时。

3.捞出鸡肉和猪骨，余下的汤料即成上汤。

4.把熬好的上汤盛入容器中备用。

5.把隔渣袋平放在盘中。

6.放入香茅、甘草、桂皮、八角、砂仁、干沙姜、芫荽子。

7.再倒入草果、红曲米、小茴香、白蔻、丁香、罗汉果。

8.最后放入花椒，收紧袋口，制成香料袋。

9.炒锅注油烧热，放入洗净的肥肉煎至出油。

10.倒入蒜头、红葱头、葱结、香菜，大火爆香。

11.放入白糖，翻炒至白糖熔化。

12.倒入备好的上汤、香料袋煮沸。

13.加入盐、生抽、老抽、鸡粉拌匀至入味。

14.再盖上锅盖，转小火煮约30分钟。

15.取下锅盖，挑去葱结、香菜，即成精卤水。

16.锅中加清水烧开，放入姜片，淋入少许料酒。

17.再放入鸭脖煮约3分钟，汆去血渍后捞出备用。

18.另起锅，倒入精卤水，然后大火煮沸。

19.放入汆好的鸭脖，下入姜片。

20.加上锅盖。

21.用小火卤制约15分钟至入味。

22.揭下盖子，捞出卤好的鸭脖。

23.把放凉后的鸭脖切成小块。

24.盛放在盘中，摆整齐，浇上少许卤汁即成。

卤鸭肝

Lu ya gan

烹饪时间	口味	功效
21.5分钟	辣	益气补血

营养分析〉鸭肝含有丰富的维生素A，能保护眼睛，维持正常视力，防止眼睛干涩、疲劳；还能维持健康的肤色，对保护皮肤具有重要的意义。

制作指导〉将鸭肝放入盐水中不断搓揉，再用清水清洗干净，可去除其腥味。

01 原料准备 地道食材原汁原味

鸭肝300克，猪骨300克，老鸡肉300克，草果15克，白蔻10克，小茴香2克，红曲米10克，香茅5克，甘草5克，桂皮6克，八角10克，砂仁6克，干沙姜15克，芫荽子5克，丁香3克，罗汉果10克，花椒5克，葱结15克，蒜头10克，肥肉50克，红葱头20克，香菜15克，隔渣袋1个

02 调料准备 五味调和活色生香

盐30克，生抽20毫升，老抽20毫升，鸡粉10克，料酒5毫升，白糖、食用油各适量

03 做法演示 烹饪方法分步详解

1.锅中加入适量清水，放入洗净的猪骨、鸡肉。

2.盖上盖，用大火烧热，煮至沸腾。

3.揭开盖，撇去汤中浮沫。

4.再盖好盖，转用小火熬煮大约1小时。

5.捞出鸡肉和猪骨，余下的汤料即成上汤。

6.把熬好的上汤盛入容器中备用。

7.把隔渣袋平放在盘中。

8.放入香茅、甘草、桂皮、八角、砂仁、干沙姜、芫荽子。

9.再倒入草果、红曲米、小茴香、白蔻、丁香、罗汉果。

10.最后放入花椒，收紧袋口，制成香料袋。

11.炒锅注油烧热，放入洗净的肥肉煎至出油。

12.倒入蒜头、红葱头、葱结、香菜，大火爆香。

13.放入白糖，翻炒至白糖熔化。

14.倒入准备好的上汤。

15.盖上锅盖，用大火煮沸。

16.取下盖子，放入香料袋。

17.盖上盖，转中火煮沸。

18.揭开盖，加入盐、生抽、老抽、鸡粉。

19.拌匀入味。

20.再盖上锅盖，转小火煮约30分钟。

21.取下锅盖，挑去葱结、香菜，即成精卤水。

22.把处理干净的鸭肝放入煮沸的卤水锅中。

23.盖上盖，小火卤煮20分钟。

24.揭盖，把卤好的鸭肝捞出。

25.把鸭肝装入盘中即可。

卤鸭胗

Lu ya zhen

烹饪时间	口味	功效	适合人群
22分钟	咸	开胃消食	女性

营养分析 鸭胗含有碳水化合物、蛋白质、脂肪、烟酸、维生素C、维生素E，以及钙、镁、铁、钾、磷、硒等营养物质。鸭胗的铁含量较丰富，女性可以适当多食用一些。中医认为，鸭胗性平，味甘、咸，有健胃之效。

制作指导 在清洗鸭胗时要剥去其内壁的黄皮。

01 原料准备 地道食材原汁原味

鸭胗200克，猪骨300克，老鸡肉300克，草果15克，白蔻10克，小茴香2克，红曲米10克，香茅5克，甘草5克，桂皮6克，八角10克，砂仁6克，干沙姜15克，芫荽子5克，丁香3克，罗汉果10克，花椒5克，葱结15克，蒜头10克，肥肉50克，红葱头20克，香菜15克，隔渣袋1个

02 调料准备 五味调和活色生香

盐30克，生抽20毫升，老抽20毫升，鸡粉10克，白糖、食用油各适量

03 做法演示 烹饪方法分步详解

1.锅中加入适量清水，放入洗净的猪骨、鸡肉。

2.用小火熬煮约1小时。

3.捞出鸡肉和猪骨，余下的汤料即成上汤。

4.把隔渣袋平放在盘中。

5.放入香茅、甘草、桂皮、八角、砂仁、干沙姜、芫荽子。

6.再倒入草果、红曲米、小茴香、白蔻、丁香、罗汉果。

7.最后放入花椒，收紧袋口，制成香料袋。

8.炒锅注油烧热，放入洗净的肥肉煎至出油。

9.倒入蒜头、红葱头、葱结、香菜，大火爆香。

10.放入白糖，翻炒至白糖熔化。

11.倒入备好的上汤，盖上锅盖，用大火煮沸。

12.取下盖子，放入香料袋，转为中火煮沸。

13.加入盐、生抽、老抽、鸡粉拌匀入味。

14.再盖上锅盖，转小火煮约30分钟。

15.取下锅盖，挑去葱结、香菜，即成精卤水。

16.另起锅，注入适量清水，放入处理好的鸭胗。

17.加上盖，用大火煮沸，氽去血水。

18.揭开盖，把氽过水的鸭胗捞出，备用。

19.卤水锅放置火上，煮沸后放入鸭胗。

20.加盖，用小火卤制20分钟。

21.揭盖，把卤好的鸭胗捞出，沥干表面的卤水。

22.将鸭胗切成片。

23.将鸭胗倒入碗中，倒入卤水。

24.用筷子拌匀。

25.将拌好的鸭胗装入盘中即可。

白切鸭胗

Bai qie ya zhen

烹饪时间	口味	功效
22分钟	咸	开胃消食

营养分析 鸭胗含有碳水化合物、蛋白质、脂肪、烟酸、维生素C、维生素E，以及钙、镁、铁、钾、磷、钠、硒等营养物质。中医认为，鸭胗性平，味甘、咸，有健胃之效。鸭胗的铁元素含量较高，女性可以适当多食用一些。

制作指导 鸭胗焯烫至变色应立即捞出，浸泡在凉开水中再卤制，能令鸭胗口感更脆爽。

01 原料准备 地道食材原汁原味

鸭胗300克，姜片20克，草果10克，香叶3克，桂皮、干沙姜各7克，陈皮2克，隔渣袋1个，姜末、蒜末、酱油各少许

02 调料准备 五味调和活色生香

盐22克，鸡粉10克，白糖2克，料酒20毫升，芝麻油、食用油各适量

03 做法演示 烹饪方法分步详解

1.取一个净碗，倒入大半碗清水。

2.放入草果、香叶、桂皮、干沙姜、陈皮、姜片，略微清洗。

3.将洗净的香料装入隔渣袋中。

4.收紧袋口，扎严实，制成香料袋。

5.锅中注入约1500毫升清水，放入香料袋。

6.盖上锅盖，大火煮沸，再用小火续煮约30分钟。

7.取下锅盖，加入20克盐、8克鸡粉和15毫升料酒。

8.拌匀煮至入味。

9.制成白卤水备用。

10.炒锅烧热，注入少许食用油，倒入蒜末爆香。

11.注入少许清水，倒入姜末，拌匀。

12.淋入酱油，拌匀入味。

13.加入鸡粉、盐、白糖、芝麻油。

14.拌匀煮至沸，制成蘸料。

15.将蘸料盛入小碗中备用。

16.另起锅，加适量清水，放入处理好的鸭胗。

17.加入余下的料酒，拌匀。

18.大火煮沸，再煮约2分钟，捞去浮沫。

19.把鸭胗捞出，沥干水分。

20.把鸭胗放进煮沸的白卤水锅中，搅拌匀。

21.盖上盖，用小火卤制20分钟。

22.揭盖，把卤好的鸭胗取出。

23.把卤好的鸭胗切成片，装入盘中。

24.将蘸料倒入味碟中。

25.食用鸭胗时佐以蘸料即成。

卤水鸭肠

Lu shui ya chang

烹饪时间	口味	功效	适合人群
16分钟	咸	提神健脑	老年人

营养分析〉鸭肠富含蛋白质、维生素A、B族维生素、维生素C，以及钙、铁、锌、钾等营养元素。鸭肠富含的蛋白质，是维持人体免疫机能最重要的营养素，是构成白血球和抗体的主要成分，能提高人体免疫力。鸭肠对人体新陈代谢、神经、心脏、消化系统和视觉的维护都有良好的作用。

制作指导〉卤鸭肠的时间不要过长，15分钟左右即可，这样才能保持鸭肠脆爽的口感。

01 原料准备 地道食材原汁原味

熟鸭肠200克，猪骨300克，老鸡肉300克，草果15克，白蔻10克，小茴香2克，红曲米10克，香茅5克，甘草5克，桂皮6克，八角10克，砂仁6克，干沙姜15克，芫荽子5克，丁香3克，罗汉果5克，花椒5克，葱结15克，蒜头10克，肥肉50克，红葱头20克，香菜15克，隔渣袋1个

02 调料准备 五味调和活色生香

盐30克，生抽20毫升，老抽20毫升，鸡粉10克，白糖、食用油各适量

03 做法演示 烹饪方法分步详解

1.锅中加入适量清水，放入洗净的猪骨、鸡肉。

2.盖上盖，用大火烧热，煮至沸腾。

3.揭开盖，撇去汤中浮沫。

4.再盖好盖，转用小火熬煮大约1小时。

5.捞出鸡肉和猪骨，余下的汤料即成上汤。

6.把熬好的上汤盛入容器中备用。

7.把隔渣袋平放在盘中。

8.放入香茅、甘草、桂皮、八角、砂仁、干沙姜、芫荽子。

9.再倒入草果、红曲米、小茴香、白蔻、丁香、罗汉果。

10.最后放入花椒，收紧袋口，扎严实，制成香料袋。

11.炒锅注油烧热，放入洗净的肥肉煎至出油。

12.倒入蒜头、红葱头、葱结、香菜，大火爆香。

13.放入白糖，翻炒至白糖熔化。

14.倒入准备好的上汤。

15.盖上锅盖，用大火煮沸。

16.取下盖子，放入香料袋。

17.盖上盖，转中火煮沸。

18.揭开盖，加入盐、生抽、老抽、鸡粉。

19.拌匀入味。

20.再盖上锅盖，转小火煮约30分钟。

21.取下锅盖，挑去葱结、香菜，即成精卤水。

22.另起一锅，倒入精卤水煮沸，放入鸭肠。

23.加盖，用小火卤制15分钟。

24.揭盖，把卤好的鸭肠捞出。

25.将鸭肠装入盘中即可。

白切鸽子

Bai qie ge zi

烹饪时间	口味	功效	适合人群
22分钟	鲜	益气补血	男性

营养分析 鸽肉所含的造血用的微量元素相当丰富，对产妇、手术后病人及贫血者具有大补功能。此外，鸽肉还有解药毒、疗疮疥、调精益气的功效。

制作指导 卤制乳鸽一定要选择鲜嫩的，而且卤制时最好用小火，卤制过程中可以不断浇汁，但是尽量少翻动鸽子，以免影响成菜的美观。

01 原料准备 地道食材原汁原味

鸽子1只，姜片20克，香叶2克，草果5克，陈皮2克，桂皮4克，干姜6克，丁香4克，姜末、蒜末各15克

02 调料准备 五味调和活色生香

盐26克，味精15克，料酒10毫升，生抽5毫升，鸡粉2克，芝麻油、食用油各适量

03 做法演示 烹饪方法分步详解

1.锅中加入约2000毫升清水烧开，放入香料。

2.加入盐25克和适量味精。

3.加盖，煮20分钟，制成白卤水。

4.揭盖，加入少许料酒。

5.放入处理好的乳鸽。

6.加盖，小火卤煮20分钟。

7.揭盖，把卤好的乳鸽取出，装入盘中。

8.锅中倒入少许食用油烧热。

9.倒入姜末、蒜末爆香。

10.加少许清水，加入生抽。

11.加入少许鸡粉、盐。

12.再加入少许芝麻油。

13.用锅勺拌匀，制成蘸料。

14.将蘸料盛入味碟中。

15.食用卤好的乳鸽佐以蘸料即可。

川味卤乳鸽

Chuan wei lu ru ge

烹饪时间	口味	功效	适合人群
22.5分钟	辣	益气补血	女性

营养分析〉鸽肉是高蛋白、低脂肪的食品，具有解毒、补肾壮阳、缓解神经衰弱之功效。鸽肉的营养价值优于鸡肉，而且比鸡肉易消化吸收，是产妇和婴幼儿的最好营养品。乳鸽骨含有丰富的软骨素，经常食用，可使皮肤变得白嫩、细腻，增强皮肤弹性，使面色红润，富有光泽。

制作指导〉卤制乳鸽时，可不时翻动鸽子，这样有助于鸽子入味，成品颜色也更均匀。

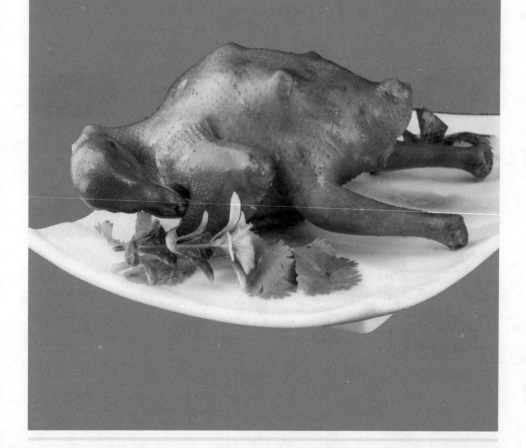

01 原料准备 地道食材原汁原味

乳鸽1只，干辣椒5克，花椒2克，草果10克，香叶3克，桂皮10克，干姜8克，八角7克，姜片20克，葱结15克

02 调料准备 五味调和活色生香

豆瓣酱10克，麻辣鲜露5毫升，盐25克，味精20克，生抽20毫升，老抽10毫升，食用油适量

03 做法演示 烹饪方法分步详解

1.油锅烧热后放入姜片、葱结，用大火爆炒香。

2.再倒入草果、香叶、桂皮、干姜、八角，翻炒均匀。

3.转中火，加入豆瓣酱，炒匀。

4.注入大约1000毫升清水。

5.倒入麻辣鲜露。

6.加入盐、味精，淋入生抽、老抽，拌匀。

7.盖上锅盖，大火煮至沸，转小火再煮大约30分钟。

8.揭盖，即成川味卤水。

9.将适量的卤水转倒汤锅中，大火煮至沸，放入干辣椒和花椒。

10.再将宰杀处理干净的乳鸽放入锅中。

11.盖上盖，小火卤煮20分钟。

12.揭盖，把卤好的乳鸽取出装盘即成。

☆ 小贴士

1.鸽肉的蛋白质含量高，鸽肉消化率也高，而脂肪含量较低。此外，鸽肉所含的钙、铁、铜等元素及维生素A、B族维生素、维生素E等都比鸡、鱼、牛、羊肉含量高。

2.乳鸽的骨内含有丰富的软骨素，可与鹿茸中的软骨素相媲美，经常食用，具有改善皮肤细胞活力、增强皮肤弹性、改善血液循环、面色红润等功效。乳鸽含有较多的支链氨基酸和精氨酸可促进体内蛋白质的合成，加快创伤愈合。

豉油皇鸽

Chi you huang ge

烹饪时间	口味	功效	适合人群
27分钟	鲜	保肝护肾	男性

营养分析 鸽肉是高蛋白、低脂肪的食品，具有解毒、补肾壮阳、缓解神经衰弱之功效。鸽肉的营养价值优于鸡肉，而且比鸡肉易消化吸收，是产妇和婴幼儿的最好营养品。乳鸽骨含有丰富的软骨素，经常食用，可使皮肤变得白嫩、细腻，增强皮肤弹性，使面色红润，富有光泽。

制作指导 卤制鸽子时要用小火，一方面可使鸽肉更易入味，另一方面可以防止鸽肉皮被煮烂。

01 原料准备 地道食材原汁原味

乳鸽1只，香叶2克，八角3克，桂皮5克，姜片20克，冰糖25克

02 调料准备 五味调和活色生香 　料酒20毫升，盐10克，生抽10毫升，鸡粉7克，老抽5毫升

03 做法演示 烹饪方法分步详解

1.锅中倒入1500毫升清水烧热，放入宰杀处理干净的乳鸽。

2.加入约10毫升料酒。

3.大火煮沸，汆去血水，捞去浮沫。

4.把汆好的乳鸽捞出。

5.锅中另加800毫升清水，放入香叶、八角、桂皮、冰糖和姜片。

6.加入老抽、生抽、盐、鸡粉。

7.盖上盖，烧开后煮5分钟。

8.揭盖，放入乳鸽。

9.加入料酒，搅拌匀。

10.盖上盖，小火卤煮20分钟。

11.揭盖，把卤好的乳鸽捞出。

12.装入盘中即可。

☆ 小贴士

　　鸽肉不但营养丰富，而且还有一定的保健功效，能防治多种疾病。中医认为鸽肉有补肝壮肾、益气补血、清热解毒、生津止渴等功效。现代医学认为，鸽肉壮体补肾、生机活力、健脑补神，能提高记忆力、降低血压、调整人体血糖、养颜美容、使皮肤洁白细嫩，可延年益寿。

> **泡椒乳鸽**
Pao jiao ru ge

01 原料准备 地道食材原汁原味

卤鸽肉180克，青、红泡椒各20克，青、红椒片各30克，生姜片、蒜末、葱白各少许

02 调料准备 五味调和活色生香

盐、味精、蚝油、老抽、辣椒酱、料酒、食用油各适量

03 做法演示 烹饪方法分步详解

1.青泡椒切段。
2.红泡椒对半切开。
3.卤好的乳鸽斩块。
4.起油锅，放入生姜片、蒜末、葱白爆香，倒入鸽肉翻炒匀。
5.再倒入料酒提味。
6.倒入青、红泡椒翻炒。
7.加盐、味精、蚝油，炒匀调味。
8.倒入青、红椒片。
9.加少许老抽、辣椒酱拌炒匀。
10.出锅盛入盘中即成。

> **香辣炒乳鸽**
Xiang la chao ru ge

01 原料准备 地道食材原汁原味

卤鸽肉120克，干辣椒10克，青、红椒各15克，生姜片、蒜末各少许

02 调料准备 五味调和活色生香

盐、味精、豆瓣酱、料酒、辣椒酱、辣椒油、食用油各适量

03 做法演示 烹饪方法分步详解

1.把洗净的青、红椒分别切片。
2.锅中倒少许食用油烧热，倒入生姜片、蒜末、青椒、红椒、豆瓣酱，炒香。
3.再倒入备好的干辣椒。
4.倒入鸽肉，拌炒匀。
5.加料酒，炒匀提味。
6.加入辣椒酱。
7.淋入辣椒油拌炒匀。
8.再加味精、盐炒匀调味。
9.起锅，盛入盘中即可。

· 第五篇 ·

水产篇

　　水产是海洋、江河、湖泊里出产的动物或藻类等的统称，如各种鱼、虾、蟹、贝类、海带、石花菜等。水产的种类众多，但适合卤制的食材却并不多。一般来说，我们常食的卤水产，多为虾、田螺等有壳的食物。另外，秋刀鱼、带鱼、鱿鱼、墨鱼等也可以用来做卤菜，但卤制方法多以糟卤为主，不适合久煮。本部分将详细介绍水产的卤制方法。

卤水鱿鱼

Lu shui you yu

烹饪时间	口味	功效	适合人群
22分钟	咸	提神健脑	老年人

营养分析 鱿鱼含有大量的高度不饱和脂肪酸和牛磺酸，可有效减少血管壁内所累积的胆固醇，对于预防血管硬化、胆结石的形成都颇具效力。鱿鱼还能补充脑力，延缓大脑衰老，因此对老年人来说，鱿鱼更是有益健康的食物。

制作指导 卤制新鲜鱿鱼时，要将其内脏去除干净，这是因为鱿鱼内脏含有大量的胆固醇，多食会损害身体健康。

01 原料准备 地道食材原汁原味

鱿鱼300克，猪骨300克，老鸡肉300克，草果15克，白蔻10克，小茴香2克，红曲米10克，香茅5克，甘草5克，桂皮6克，八角10克，砂仁6克，干沙姜15克，芫荽子5克，丁香3克，罗汉果10克，花椒5克，葱结15克，蒜头10克，肥肉50克，红葱头20克，香菜15克，隔渣袋1个

02 调料准备 五味调和活色生香

盐30克，生抽20毫升，老抽20毫升，鸡粉10克，白糖、食用油各适量

03 做法演示 烹饪方法分步详解

1.锅中加入适量清水，放入洗净的猪骨、鸡肉。

2.用小火熬煮约1小时。

3.捞出鸡肉和猪骨，余下的汤料即成上汤。

4.把熬好的上汤盛入容器中备用。

5.把隔渣袋平放在盘中。

6.放入香茅、甘草、桂皮、八角、砂仁、干沙姜、芫荽子。

7.再倒入草果、红曲米、小茴香、白蔻、丁香、罗汉果。

8.最后放入花椒，收紧袋口，制成香料袋。

9.炒锅注油烧热，放入洗净的肥肉煎至出油。

10.倒入蒜头、红葱头、葱结、香菜，大火爆香。

11.放入白糖，翻炒至白糖熔化。

12.倒入备好的上汤，盖上锅盖，用大火煮沸。

13.取下盖子，放入香料袋，转中火煮沸。

14.加入盐、生抽、老抽、鸡粉拌匀入味。

15.再盖上锅盖，转小火煮大约30分钟。

16.取下锅盖，挑去葱结、香菜，即成精卤水。

17.卤水锅煮沸后放入清洗干净的鱿鱼，拌匀。

18.盖上盖子，煮至沸腾。

19.转用小火卤20分钟至入味。

20.揭下锅盖，捞出卤好的鱿鱼。

21.装在盘中凉凉。

22.待鱿鱼放凉后斜切成薄片。

23.摆放在盘中。

24.浇上少许卤汁即成。

酒香大虾

Jiu xiang da xia

烹饪时间	口味	功效
11.5分钟	鲜	保肝护肾

营养分析 基围虾富含蛋白质、钾、碘、镁、磷、维生素A等营养成分，其肉质松软，易于人体消化吸收。此外，虾还含有丰富的钙质，对身体虚弱以及病后需要调养的人均有良好的滋补作用。

制作指导 基围虾背上的虾线，是虾的消化道，有很重的泥腥味，会影响口感，所以应去除。

01 原料准备 地道食材原汁原味

净基围虾500克，猪骨300克，老鸡肉300克，白酒300毫升，红葱头25克，蒜头20克，草果15克，芫荽子10克，八角10克，桂皮10克，小茴香10克，丁香8克，隔渣袋1个

02 调料准备 五味调和活色生香

盐40克，白糖30克，味精20克，生抽20毫升，老抽10毫升，食用油适量

03 做法演示 烹饪方法分步详解

1.锅中加入适量清水，放入洗净的猪骨、鸡肉。

2.盖上盖，用大火烧热，煮至沸腾。

3.揭开盖，撇去汤中浮沫。

4.盖好盖，用小火熬煮约1小时。

5.捞出鸡肉和猪骨，余下的汤料即成上汤。

6.把熬好的上汤盛入容器中备用。

7.将隔渣袋放在碗中，打开袋口。

8.放入丁香、小茴香、芫荽子，倒入桂皮、八角、草果。

9.再收紧袋口，扎严实，制成香料袋。

10.锅中注油烧热，倒入蒜头、红葱头，大火爆香。

11.倒入准备好的上汤。

12.再放入香料袋，拌煮至袋子浸没于汤汁中。

13.盖上盖烧开，转小火煮约15分钟。

14.倒入白酒。

15.加入适量盐、味精、白糖。

16.再放入生抽、老抽。

17.拌匀，煮至入味，即成酒香卤水。

18.用剪刀剪去基围虾的头、须和脚。

19.将处理好的基围虾装入盘中。

20.卤水锅中倒入基围虾。

21.大火煮沸后转小火卤至虾身弯曲且呈红色。

22.关火，揭开盖，让虾浸渍一会儿至入味。

23.捞出卤好的基围虾，沥干汁水。

24.装入盘中，摆好盘即可。

糟香秋刀鱼

Zao xiang qiu dao yu

烹饪时间	口味	功效	适合人群
27分钟	鲜	提神健脑	儿童

营养分析 秋刀鱼含有丰富的蛋白质、脂肪，还含有人体不可缺少的不饱和脂肪酸，有助于脑部发育，能提高学习能力，并能预防记忆力衰退。秋刀鱼还含有丰富的维生素E，可延缓衰老。秋刀鱼含有的铁、镁等矿物质可以预防动脉硬化、防止血栓形成。

制作指导 处理秋刀鱼时要掏出其内脏，并且去掉黑膜，再清洗干净。

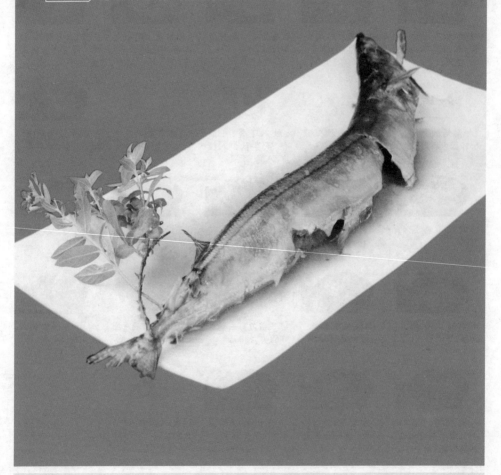

01 原料准备 地道食材原汁原味

净秋刀鱼200克，生姜片20克，葱条15克，醪糟300克，姜片20克，葱结20克，红葱头30克，红曲米15克，草果15克，香菜15克，白蔻10克，八角10克，陈皮10克，桂皮8克，花椒7克，丁香6克，芫荽子5克，香叶3克，隔渣袋1个

02 调料准备 五味调和活色生香　　白糖40克，盐20克，料酒15毫升，食用油适量

03 做法演示 烹饪方法分步详解

1. 把隔渣袋放在盘中，张开袋口。

2. 放入草果、丁香、香叶、芫荽子、白蔻、桂皮、八角。

3. 再放入陈皮、红曲米、花椒制成香料袋。

4. 用油起锅，倒入红葱头、葱结、香菜、生姜片。

5. 大火爆香，淋入料酒。

6. 注入约800毫升清水。

7. 放入香料袋，拌煮至袋子浸入锅中。

8. 盖上锅盖，大火煮沸，转小火煮约15分钟。

9. 揭开盖，倒入备好的醪糟。

10. 再盖上锅盖，用小火再煮约5分钟。

11. 取下锅盖，加入盐、白糖。

12. 挑去香料袋、葱结和香菜。

13. 再用漏勺捞出醪糟渣、姜片、红葱头。

14. 关火，即成糟香卤水。

15. 取一个干净的盘子，放上葱条，平放好秋刀鱼。

16. 放上姜片，撒上少许盐，腌渍片刻。

17. 把腌好的秋刀鱼放入烧开的蒸锅中。

18. 盖上盖，用中火蒸约5分钟至熟。

19. 揭开锅盖，取出蒸好的秋刀鱼。

20. 拣去姜片和葱条，备用。

21. 将准备好的卤水锅放置在小火上。

22. 倒入蒸好的秋刀鱼。

23. 轻轻按压使其浸入卤汁中。

24. 盖上锅盖，煮沸后再浸渍20分钟至入味。

25. 捞出卤好的秋刀鱼，装盘，浇上少许卤汁即成。

糟卤田螺

Zao lu tian luo

烹饪时间	口味	功效
16.5分钟	鲜	开胃消食

营养分析 田螺含有蛋白质、钙、磷、铁、硫胺素、核黄素、维生素等人体所需的营养物质，具有清热、明目、利尿、通淋、开胃消食等功效，适宜免疫力低、记忆力下降、贫血、糖尿病者食用。田螺肉所含热量低，是减肥者的理想食品。

制作指导 田螺尾部储存着田螺的排泄物，所以不能食用，在清洗田螺的时候，应将这一部分去除。

01 原料准备 地道食材原汁原味

田螺700克，醪糟300克，姜片20克，葱条20克，红葱头30克，红曲米15克，草果15克，香菜15克，白蔻10克，八角10克，陈皮10克，桂皮8克，花椒7克，丁香6克，芫荽子5克，香叶3克，隔渣袋1个

02 调料准备 五味调和活色生香　　白糖40克，盐20克，料酒15毫升，食用油适量

03 做法演示 烹饪方法分步详解

1.把隔渣袋放在盘中，张开袋口。

2.放入草果、丁香、香叶、芫荽子、白蔻、桂皮、八角、陈皮、红曲米、花椒。

3.收紧袋口，扎严实，制成香料袋。

4.用油起锅，倒入红葱头、葱条、香菜、姜片。

5.大火爆香，淋入料酒。

6.注入约800毫升清水。

7.放入香料袋，拌煮至袋子浸入锅中。

8.盖上锅盖，大火煮沸，转小火煮约15分钟至汤汁呈淡红色。

9.揭开盖，倒入醪糟。

10.再盖上锅盖，用小火煮约5分钟。

11.取下锅盖，加入盐、白糖。

12.挑去香料袋、葱条和香菜。

13.再用漏勺捞出醪糟渣、姜片、红葱头。

14.关火，即成糟香卤水。

15.卤水锅放置火上，倒入洗净的田螺。

16.盖上锅盖，大火煮沸。

17.再用小火卤制约15分钟至入味。

18.揭盖，盛出卤好的田螺。

19.沥干汤汁，装在盘中即可。

辣卤田螺

La lu tian luo

烹饪时间	口味	功效
16.5分钟	辣	开胃消食

营养分析 田螺含有蛋白质、脂肪及维生素A、维生素B₁、维生素B₂、维生素D、烟酸等成分，可辅助治疗细菌性痢疾、风湿性关节炎、肾炎水肿、疗疮肿痛、中耳炎、佝偻病、胃痛、胃酸、小儿湿疹、妊娠水肿等。

制作指导 将新鲜的田螺放在盆中用清水浸泡几天，待其将污物排出干净，然后将田螺尾部剪去，清洗干净后才可以放入卤水锅中进行卤制。

01 原料准备 地道食材原汁原味

田螺350克，干辣椒7克，草果10克，香叶3克，桂皮10克，干姜8克，八角7克，花椒4克，生姜片20克，葱结15克

02 调料准备 五味调和活色生香

豆瓣酱10克，麻辣鲜露5毫升，盐25克，味精20克，生抽20毫升，老抽10毫升，食用油适量

03 做法演示 烹饪方法分步详解

1.锅中注入少许食用油烧热。

2.倒入生姜片、葱结，大火爆香。

3.再放入干辣椒、草果、香叶、桂皮、干姜、八角、花椒炒香。

4.转中小火，加入豆瓣酱，翻炒匀。

5.锅中注入约1000毫升清水。

6.放入麻辣鲜露。

7.加入盐、味精，淋入生抽、老抽，拌匀入味。

8.盖上盖，大火煮沸，再用小火煮约30分钟。

9.关火，揭盖，即成川味卤水，备用。

10.汤锅中倒入适量川味卤水，大火煮沸。

11.放入洗净的田螺。

12.盖上锅盖，大火煮沸，用小火卤制约15分钟至入味。

13.取下锅盖，捞出卤好的田螺。

14.沥干后装入盘中。

15.摆好盘即可。

卤田螺后加工 > 香辣田螺
Xiang la tian luo

01 原料准备 地道食材原汁原味

卤田螺500克，干辣椒15克，姜片、蒜末、葱白各少许

02 调料准备 五味调和活色生香

盐3克，鸡粉2克，老抽2毫升，料酒5毫升，辣椒酱10克，白糖3克，食用油适量

03 做法演示 烹饪方法分步详解

1.锅中倒入少许食用油烧热，用油起锅，倒入姜片、蒜末、干辣椒，爆香。
2.倒入田螺，翻炒约1分钟。
3.淋入少许料酒，炒香。
4.加适量辣椒酱，炒匀。
5.注入少许清水，煮至沸腾。
6.加适量盐、鸡粉、白糖。
7.淋入少许老抽，炒匀调味。
8.把炒好的田螺盛出装盘即可。

卤田螺后加工 > 口味田螺
Kou wei tian luo

01 原料准备 地道食材原汁原味

卤田螺500克，紫苏15克，红椒20克，姜片、蒜末、葱白各少许

02 调料准备 五味调和活色生香

盐3克，鸡粉2克，生抽5毫升，老抽3毫升，蚝油10毫升，料酒、食用油各适量

03 做法演示 烹饪方法分步详解

1.将洗净的红椒切开，去籽，切成丝。
2.洗净的紫苏切成块，备用。
3.锅中倒入少许食用油烧热，倒入姜片、蒜末、葱白爆香。
4.倒入红椒、紫苏拌炒匀。
5.倒入田螺，翻炒约1分钟。
6.淋入少许料酒，炒香。
7.加适量盐、鸡粉。
8.再加生抽、老抽、蚝油，炒匀调味。
9.把炒好的田螺盛出装盘即可。

·第六篇·

蔬菜篇

蔬菜包含的品种众多，一般认为，叶菜类久煮易烂，所以不适合用来卤制。竹笋、茭白、萝卜、土豆等根茎脆硬的蔬菜，比较适合用烧煮的方法来卤制。而土豆、芋头等淀粉含量高的，则适合用焖卤的方法卤制。豆荚类食材，像毛豆、蚕豆、豆干、豆皮、面筋、素鸡、豆腐、腐竹等都可以用来卤制。豆皮、面筋、豆腐等可以过油炸后再卤 。不同的食材，卤制方法各有不同，本部分将详解蔬菜类的不同原料的卤制方法。

卤汁茄子

Lu zhi qie zi

烹饪时间	口味	功效	适合人群
16.5分钟	辣	降压降糖	高血压病者

营养分析 茄子含糖类、维生素、脂肪、蛋白质、钙、磷等成分。茄子的营养素含量在蔬菜中属于中等，但它的维生素E含量却很丰富。维生素E可抗衰老，提高毛细血管抵抗力，防止出血。茄子还含有较多的钾，可调节血压及心脏功能，预防心脏病和中风。

制作指导 茄子切开后应放入盐水中浸泡，使其不被氧化，保持茄子的本色。

01 原料准备 地道食材原汁原味

茄子250克，猪骨300克，老鸡肉300克，草果15克，白蔻10克，小茴香2克，红曲米10克，香茅5克，甘草5克，桂皮6克，八角10克，砂仁6克，干沙姜15克，芫荽子5克，丁香3克，罗汉果10克，花椒5克，葱结15克，蒜头10克，肥肉50克，红葱头20克，香菜15克，隔渣袋1个

02 调料准备 五味调和活色生香

盐30克，生抽20毫升，老抽20毫升，鸡粉10克，白糖、食用油各适量

03 做法演示 烹饪方法分步详解

1.锅中加入适量清水，放入洗净的猪骨、鸡肉。

2.盖上盖，用大火烧热，煮至沸腾。

3.揭开盖，撇去汤中浮沫。

4.再盖好盖，转用小火熬煮约1小时。

5.捞出鸡肉和猪骨，余下的汤料即成上汤。

6.把熬好的上汤盛入容器中备用。

7.把隔渣袋平放在盘中。

8.放入香茅、甘草、桂皮、八角、砂仁、干沙姜、芫荽子。

9.再倒入草果、红曲米、小茴香、白蔻、丁香、罗汉果。

10.最后放入花椒，收紧袋口，制成香料袋。

11.炒锅注油烧热，放入洗净的肥肉煎至出油。

12.倒入蒜头、红葱头、葱结、香菜，大火爆香。

13.放入白糖，翻炒至白糖熔化。

14.倒入备好的上汤，盖上锅盖，用大火煮沸。

15.取下盖子，放入香料袋，转中火煮沸。

16.加入盐、生抽、老抽、鸡粉拌匀入味。

17.再盖上锅盖，转小火煮约30分钟。

18.取下锅盖，挑去葱结、香菜，即成精卤水。

19.将去皮洗净的茄子切成小段，装在盘中待用。

20.卤水锅用大火煮沸，放入茄子。

21.拌煮至沸腾。

22.盖上锅盖，转小火卤煮约15分钟至入味。

23.关火，取下锅盖，捞出卤好的茄子。

24.装入盘中，摆好盘即可。

卤胡萝卜

Lu hu luo bo

烹饪时间	口味	功效	适合人群
16分钟	咸	增强免疫	儿童

营养分析 胡萝卜含有大量的蔗糖、胡萝卜素、维生素A、维生素B$_1$、维生素B$_2$、叶酸、多种氨基酸、甘露醇、木质素、果胶及多种矿物质元素。胡萝卜具有补肝明目、清热解毒、增强免疫力的功效。胡萝卜富含的维生素A，对于眼部滋养有很大的帮助，能有效地减少黑眼圈的形成。

制作指导 胡萝卜卤制好后在锅中浸泡一会儿，可以使胡萝卜的味道更好。

01 原料准备 地道食材原汁原味

胡萝卜350克，猪骨300克，老鸡肉300克，草果15克，白蔻10克，小茴香2克，红曲米10克，香茅5克，甘草5克，桂皮6克，八角10克，砂仁6克，干沙姜15克，芫荽子5克，丁香3克，罗汉果10克，花椒5克，葱结15克，蒜头10克，肥肉50克，红葱头20克，香菜15克，隔渣袋1个

02 调料准备 五味调和活色生香

盐30克，生抽20毫升，老抽20毫升，鸡粉10克，白糖、食用油各适量

03 做法演示 烹饪方法分步详解

1.锅中加入适量清水，放入洗净的猪骨、鸡肉。

2.用小火熬煮约1小时。

3.捞出鸡肉和猪骨，余下的汤料即成上汤。

4.把熬好的上汤盛入容器中备用。

5.把隔渣袋平放在盘中。

6.放入香茅、甘草、桂皮、八角、砂仁、干沙姜、芫荽子。

7.再倒入草果、红曲米、小茴香、白蔻、丁香、罗汉果。

8.最后放入花椒，收紧袋口，制成香料袋。

9.炒锅注油烧热，放入洗净的肥肉煎至出油。

10.倒入蒜头、红葱头、葱结、香菜，大火爆香。

11.放入白糖，翻炒至白糖熔化。

12.倒入备好的上汤，盖上锅盖，用大火煮沸。

13.取下盖子，放入香料袋，转中火煮沸。

14.加入盐、生抽、老抽、鸡粉拌匀入味。

15.再盖上锅盖，转小火煮约30分钟。

16.取下锅盖，挑去葱结、香菜。

17.即成精卤水。

18.把去皮洗净的胡萝卜切成小块。

19.放入盘中待用。

20.卤水锅用大火煮沸，放入胡萝卜块。

21.盖上盖，煮沸后转小火卤制约15分钟至熟透。

22.揭开锅盖，拌煮一小会儿至入味。

23.取出卤好的胡萝卜。

24.沥干汁水后放入盘中。

25.摆好盘即可。

卤水白萝卜

Lu shui bai luo bo

烹饪时间	口味	功效
16分钟	咸	防癌抗癌

营养分析 > 白萝卜含有能诱导人体自身产生干扰素的多种微量元素。白萝卜富含的维生素C是抗氧化剂，能抑制黑色素合成，阻止脂肪氧化，防止脂肪沉积。白萝卜中还含有大量的植物蛋白和叶酸，可洁净血液和皮肤，同时还能降低胆固醇，有利于维持血管弹性。

制作指导 > 卤制白萝卜时应用小火卤制，并且卤制时间不宜过长，以免白萝卜被煮碎。

01 原料准备 地道食材原汁原味

白萝卜500克，猪骨300克，老鸡肉300克，草果15克，白蔻10克，小茴香2克，红曲米10克，香茅5克，甘草5克，桂皮6克，八角10克，砂仁6克，干沙姜15克，芫荽子5克，丁香3克，罗汉果10克，花椒5克，葱结15克，蒜头10克，肥肉50克，红葱头20克，香菜15克，隔渣袋1个

02 调料准备 五味调和活色生香

盐30克，生抽20毫升，老抽20毫升，鸡粉10克，白糖、食用油各适量

03 做法演示 烹饪方法分步详解

1.锅中加入适量清水，放入洗净的猪骨、鸡肉。

2.用小火熬煮约1小时。

3.捞出鸡肉和猪骨，余下的汤料即成上汤。

4.把熬好的上汤盛入容器中备用。

5.把隔渣袋平放在盘中。

6.放入香茅、甘草、桂皮、八角、砂仁、干沙姜、芫荽子。

7.再倒入草果、红曲米、小茴香、白蔻、丁香、罗汉果。

8.最后放入花椒，收紧袋口，制成香料袋。

9.炒锅注油烧热，放入洗净的肥肉煎至出油。

10.倒入蒜头、红葱头、葱结、香菜，大火爆香。

11.放入白糖，翻炒至白糖熔化。

12.倒入备好的上汤，盖上锅盖，用大火煮沸。

13.取下盖子，放入香料袋，转中火煮沸。

14.加入盐、生抽、老抽、鸡粉，拌匀入味。

15.再盖上锅盖，转小火煮约30分钟。

16.取下锅盖，挑去葱结、香菜。

17.即成精卤水。

18.把去皮洗净的白萝卜切成小块。

19.装在盘中待用。

20.卤水锅置于火上，烧煮至沸，再放入白萝卜。

21.盖上锅盖，转小火卤煮约15分钟至白萝卜熟透。

22.取下锅盖，再拌煮一小会儿至入味。

23.把卤好的白萝卜捞出。

24.沥干汁水后装在盘中。

25.摆好盘即可。

卤水藕片

Lu shui ou pian

烹饪时间	口味	功效	适合人群
21.5分钟	辣	益气补血	女性

营养分析 莲藕含有大量的维生素C和食物纤维，对于有肝病、糖尿病等虚弱之症的人都十分有益。藕中还含有丰富的丹宁酸，具有收缩血管和止血的作用，对于瘀血、吐血、衄血的人以及孕妇、白血病人极为适合。

制作指导 卤制莲藕可根据个人的喜好控制卤制的时间，若喜食较脆的口感，卤制的时间应相应的缩短，另外，卤好的藕一定要放凉后才能切片，如果趁热切容易碎，不易切成片。

01 原料准备 地道食材原汁原味

莲藕300克，猪骨300克，老鸡肉300克，草果15克，白蔻10克，小茴香2克，红曲米10克，香茅5克，甘草5克，桂皮6克，八角10克，砂仁6克，干沙姜15克，芫荽子5克，丁香3克，罗汉果10克，花椒5克，葱结15克，蒜头10克，肥肉50克，红葱头20克，香菜15克，隔渣袋1个

02 调料准备 五味调和活色生香 　盐30克，生抽20毫升，老抽20毫升，鸡粉10克，白糖、食用油各适量

03 做法演示 烹饪方法分步详解

1.锅中加入适量清水，放入洗净的猪骨、鸡肉。

2.盖上盖，用大火烧热，煮至沸腾。

3.揭开盖，撇去汤中浮沫。

4.再盖好盖，转用小火熬煮约1小时。

5.捞出鸡肉和猪骨，余下的汤料即成上汤。

6.把熬好的上汤盛入容器中备用。

7.把隔渣袋平放在盘中。

8.放入香茅、甘草、桂皮、八角、砂仁、干沙姜、芫荽子。

9.再倒入草果、红曲米、小茴香、白蔻、丁香、罗汉果。

10.最后放入花椒，收紧袋口，制成香料袋。

11.炒锅注油烧热，放入洗净的肥肉煎至出油。

12.倒入蒜头、红葱头、葱结、香菜，大火爆香。

13.放入白糖，翻炒至白糖熔化。

14.倒入准备好的上汤。

15.盖上锅盖，用大火煮沸。

16.取下盖子，放入香料袋。

17.盖上盖，转中火煮沸。

18.加入盐、生抽、老抽、鸡粉，拌匀入味。

19.再盖上锅盖，转小火煮约30分钟。

20.取下锅盖，挑去葱结、香菜，即成精卤水。

21.用大火将精卤水煮沸，放入去皮洗净的莲藕。

22.加盖，小火卤制20分钟。

23.揭盖，把卤好的莲藕捞出，凉凉。

24.把莲藕切片。

25.将藕片装入盘中，淋上少许卤汁即可。

卤土豆

Lu tu dou

烹饪时间	口味	功效	适合人群
15.5分钟	咸	健脑提神	老年人

营养分析 土豆含有丰富的维生素B₁、B₂、B₆，以及大量的优质纤维素，还含有微量元素、氨基酸、蛋白质、脂肪和优质淀粉等营养元素，具有健脾和胃、益气调中、通利大便等功效，对脾胃虚弱、消化不良、肠胃不和、大便不畅有食疗作用。

制作指导 土豆皮下的汁液有丰富的蛋白质，所以在给土豆去皮时，只削掉最外面薄薄的一层就可以了，这样能使人体吸收更多的蛋白质。

01 原料准备 地道食材原汁原味

土豆150克，猪骨300克，老鸡肉300克，草果15克，白蔻10克，小茴香2克，红曲米10克，香茅5克，甘草5克，桂皮6克，八角10克，砂仁6克，干沙姜15克，芫荽子5克，丁香3克，罗汉果10克，花椒5克，葱结15克，蒜头10克，肥肉50克，红葱头20克，香菜15克，隔渣袋1个

02 调料准备 五味调和活色生香

盐30克，生抽20毫升，老抽20毫升，鸡粉10克，白糖、食用油各适量

03 做法演示 烹饪方法分步详解

1.锅中加入适量清水，放入洗净的猪骨、鸡肉。

2.盖上盖，用大火烧热，煮至沸腾。

3.揭开盖，撇去汤中浮沫。

4.再盖好盖，转用小火熬煮大约1小时。

5.捞出鸡肉和猪骨，余下的汤料即成上汤。

6.把熬好的上汤盛入容器中备用。

7.把隔渣袋平放在盘中。

8.放入香茅、甘草、桂皮、八角、砂仁、干沙姜、芫荽子。

9.再倒入草果、红曲米、小茴香、白蔻、丁香、罗汉果。

10.最后放入花椒，收紧袋口，制成香料袋。

11.炒锅注油烧热，放入洗净的肥肉煎至出油。

12.倒入蒜头、红葱头、葱结、香菜，大火爆香。

13.放入白糖，翻炒至白糖熔化。

14.倒入准备好的上汤。

15.盖上锅盖，用大火煮沸。

16.取下盖子，放入香料袋，转为中火煮沸。

17.加入盐、生抽、老抽、鸡粉，拌匀入味。

18.再盖上锅盖，转小火煮大约30分钟。

19.取下锅盖，挑去葱结、香菜，即成精卤水。

20.去皮洗净的土豆切成小块。

21.放入装有水的碗中，浸泡，备用。

22.将炒锅置于大火上，倒入精卤水煮沸，加入土豆。

23.加盖，用慢火卤制15分钟。

24.揭盖，把卤好的土豆捞出，凉凉。

25.将土豆装入盘中，浇上少许卤汁即可。

卤芋头

Lu yu tou

烹饪时间	口味	功效
21分钟	咸	增强免疫

〔营养分析〕芋头富含蛋白质、钙、磷、铁、钾、镁、胡萝卜素和多种维生素等营养成分，其含有的多糖类高分子植物胶体，有很好的止泻作用，并能增强人体的免疫力。此外，芋头含有丰富的氟，具有洁齿防龋、保护牙齿的作用。

〔制作指导〕芋头质地密实，比较难熟，可根据芋头的大小来调整卤制的时间。如果能够轻易地将筷子插入芋头中，说明芋头已卤熟透，即可将芋头取出食用。

01 原料准备 地道食材原汁原味

小芋头450克，猪骨300克，老鸡肉300克，草果15克，白蔻10克，小茴香2克，红曲米10克，香茅5克，甘草5克，桂皮6克，八角10克，砂仁6克，干沙姜15克，芫荽子5克，丁香3克，罗汉果10克，花椒5克，葱结15克，蒜头10克，肥肉50克，红葱头20克，香菜15克，隔渣袋1个

02 调料准备 五味调和活色生香

盐30克，生抽20毫升，老抽20毫升，鸡粉10克，食用油25毫升，白糖少许

03 做法演示 烹饪方法分步详解

1.锅中加入适量清水，放入洗净的猪骨、鸡肉。

2.用小火熬煮约1小时。

3.捞出鸡肉和猪骨，余下的汤料即成上汤。

4.把熬好的上汤盛入容器中备用。

5.把隔渣袋平放在盘中。

6.放入香茅、甘草、桂皮、八角、砂仁、干沙姜、芫荽子。

7.再倒入草果、红曲米、小茴香、白蔻、丁香、罗汉果。

8.最后放入花椒，收紧袋口，制成香料袋。

9.炒锅注油烧热，放入洗净的肥肉煎至出油。

10.倒入蒜头、红葱头、葱结、香菜，大火爆香。

11.放入白糖，翻炒至白糖熔化。

12.倒入备好的上汤，盖上锅盖，用大火煮沸。

13.取下盖子，放入香料袋，转中火煮沸。

14.加入盐、生抽、老抽、鸡粉，拌匀入味。

15.再盖上锅盖，转小火煮约30分钟。

16.取下锅盖，挑去葱结、香菜。

17.即成精卤水。

18.卤水锅置于火上，用大火煮沸。

19.放入去皮洗净的小芋头。

20.盖上盖，转为小火。

21.卤制约20分钟至入味。

22.关火，揭开盖，拌匀浸味。

23.捞出芋头，沥干卤汁。

24.放入盘中即可。

卤花菜

Lu hua cai

烹饪时间	口味	功效	适合人群
11分钟	咸	防癌抗癌	老年人

营养分析 花菜含维生素C较多，含量比大白菜、番茄、芹菜都高，在胃癌、乳腺癌的预防和食疗方面效果尤佳。研究表明，患胃癌时人体血清硒明显下降，胃液中的维C浓度也明显低于正常人，而花菜能给人补充一定量的硒和维生素C，供给丰富的胡萝卜素，起到阻止癌前病变细胞的形成，抑制癌肿生长。

制作指导 花菜装盘后，淋入少许香油，能使花菜味道更加浓郁鲜香。

01 原料准备 地道食材原汁原味

花菜500克，猪骨300克，老鸡肉300克，草果15克，白蔻10克，小茴香2克，红曲米10克，香茅5克，甘草5克，桂皮6克，八角10克，砂仁6克，干沙姜15克，芫荽子5克，丁香3克，罗汉果10克，花椒5克，葱结15克，蒜头10克，肥肉50克，红葱头20克，香菜15克，隔渣袋1个

02 调料准备 五味调和活色生香

盐30克，生抽20毫升，老抽20毫升，鸡粉10克，白糖、食用油各适量

03 做法演示 烹饪方法分步详解

1.锅中加入适量清水，放入洗净的猪骨、鸡肉。

2.盖上盖，用大火烧热，煮至沸腾。

3.揭开盖，撇去汤中浮沫。

4.再盖好盖，转用小火熬煮约1小时。

5.捞出鸡肉和猪骨，余下的汤料即成上汤。

6.把熬好的上汤盛入容器中备用。

7.把隔渣袋平放在盘中。

8.放入香茅、甘草、桂皮、八角、砂仁、干沙姜、芫荽子。

9.再倒入草果、红曲米、小茴香、白蔻、丁香、罗汉果。

10.最后放入花椒，收紧袋口，制成香料袋。

11.炒锅注油烧热，放入洗净的肥肉煎至出油。

12.倒入蒜头、红葱头、葱结、香菜，大火爆香。

13.放入白糖，翻炒至白糖熔化。

14.倒入准备好的上汤。

15.盖上锅盖，用大火煮沸。

16.取下盖子，放入香料袋，转中火煮沸。

17.加入盐、生抽、老抽、鸡粉，拌匀入味。

18.再盖上锅盖，转小火煮约30分钟。

19.取下锅盖，挑去葱结、香菜。

20.即成精卤水，关火，盛出备用。

21.将洗净的花菜切成小块。

22.将炒锅置于大火上，倒入精卤水煮沸，加入花菜。

23.加盖，大火烧开，用小火卤制10分钟。

24.揭盖，把卤好的花菜捞出，凉凉。

25.将花菜装入盘中即可。

卤西蓝花

Lu xi lan hua

烹饪时间	口味	功效	适合人群
11.5分钟	咸	防癌抗癌	老年人

营养分析 西蓝花中的营养成分不仅含量高，而且十分全面，主要包括蛋白质、碳水化合物、脂肪、矿物质、维生素C和胡萝卜素等。尤其是维生素C含量高，有利于人的生长发育，更重要的是能提高人体免疫功能，促进肝脏解毒，增强人的体质，增加抗病能力。

制作指导 西蓝花上常有残留的农药，容易生菜虫。在清洗的时候，可将西蓝花放在盐水里浸泡几分钟，菜虫就会跑出来，还有助于去除残留农药。

01 原料准备 地道食材原汁原味

西蓝花250克，猪骨300克，老鸡肉300克，草果15克，白蔻10克，小茴香2克，红曲米10克，香茅5克，甘草5克，桂皮6克，八角10克，砂仁6克，干沙姜15克，芫荽子5克，丁香3克，罗汉果10克，花椒5克，葱结15克，蒜头10克，肥肉50克，红葱头20克，香菜15克，隔渣袋1个

02 调料准备 五味调和活色生香

盐30克，生抽20毫升，老抽20毫升，鸡粉10克，白糖、食用油各适量

03 做法演示 烹饪方法分步详解

1.锅中加入适量清水，放入洗净的猪骨、鸡肉。

2.盖上盖，用大火烧热，煮至沸腾。

3.揭开盖，撇去汤中浮沫。

4.再盖好盖，转用小火熬煮大约1小时。

5.捞出鸡肉和猪骨，余下的汤料即成上汤。

6.把熬好的上汤盛入容器中备用。

7.把隔渣袋平放在盘中。

8.放入香茅、甘草、桂皮、八角、砂仁、干沙姜、芫荽子。

9.再倒入草果、红曲米、小茴香、白蔻、丁香、罗汉果。

10.最后放入花椒，收紧袋口，制成香料袋。

11.炒锅注油烧热，放入洗净的肥肉煎至出油。

12.倒入蒜头、红葱头、葱结、香菜，大火爆香。

13.放入白糖，翻炒至白糖熔化。

14.倒入准备好的上汤。

15.盖上锅盖，用大火煮沸。

16.取下盖子，放入香料袋，转为中火煮沸。

17.加入盐、生抽、老抽、鸡粉，拌匀入味。

18.再盖上锅盖，转小火煮约30分钟。

19.取下锅盖，挑去葱结、香菜。

20.即成精卤水，关火，盛出备用。

21.将洗净的西蓝花切成小块，备用。

22.另起一锅，倒入精卤水煮沸，加入西蓝花。

23.加盖，用小火卤制10分钟。

24.揭盖，把卤好的西蓝花捞出，凉凉。

25.将西蓝花装入盘中即可。

卤花生

Lu hua sheng

烹饪时间	口味	功效
21分钟	咸	降低血脂

营养分析 花生含有丰富的维生素E和一定量的锌，能增强记忆，抗老化，延缓脑功能衰退，滋润皮肤；花生含有的维生素C具有降低胆固醇的作用，有助于防治动脉硬化、高血压和冠心病；花生含有的微量元素硒可以防治肿瘤类疾病，同时也是降低血小板聚集，防治动脉粥样硬化、心脑血管疾病的化学预防剂。

制作指导 因为花生带壳较难入味，所以在煮花生时可以多放些盐，这样更易入味。

01 原料准备 地道食材原汁原味

带壳花生200克，猪骨300克，老鸡肉300克，草果15克，白蔻10克，小茴香2克，红曲米10克，香茅5克，甘草5克，桂皮6克，八角10克，砂仁6克，干沙姜15克，芫荽子5克，丁香3克，罗汉果10克，花椒5克，葱结15克，蒜头10克，肥肉50克，红葱头20克，香菜15克，隔渣袋1个

02 调料准备 五味调和活色生香

盐30克，生抽20毫升，老抽20毫升，鸡粉10克，白糖、食用油各适量

03 做法演示 烹饪方法分步详解

1. 锅中加入适量清水，放入洗净的猪骨、鸡肉。

2. 盖上盖，用大火烧热，煮至沸腾。

3. 揭开盖，撇去汤中浮沫。

4. 再盖好盖，转用小火熬煮大约1小时。

5. 捞出鸡肉和猪骨，余下的汤料即成上汤。

6. 把熬好的上汤盛入容器中备用。

7. 把隔渣袋平放在盘中。

8. 放入香茅、甘草、桂皮、八角、砂仁、干沙姜、芫荽子。

9. 再倒入草果、红曲米、小茴香、白蔻、丁香、罗汉果。

10. 最后放入花椒，收紧袋口，制成香料袋。

11. 炒锅注油烧热，放入洗净的肥肉煎至出油。

12. 倒入蒜头、红葱头、葱结、香菜，大火爆香。

13. 放入白糖，翻炒至白糖熔化。

14. 倒入准备好的上汤。

15. 盖上锅盖，用大火煮沸。

16. 取下盖子，放入香料袋。

17. 盖上盖，转中火煮沸。

18. 加入盐、生抽、老抽、鸡粉，拌匀入味。

19. 再盖上锅盖，转小火煮约30分钟。

20. 取下锅盖，挑去葱结、香菜。

21. 即成精卤水。

22. 把洗净的花生放进煮沸的卤水锅中，搅拌匀。

23. 盖上盖，小火卤制20分钟。

24. 揭盖，把卤好的花生捞出。

25. 装入盘中即可。

卤海带

Lu hai dai

烹饪时间	口味	功效	适合人群
9分钟	咸	美容养颜	女性

营养分析 海带中含有大量的碘。碘可以刺激垂体，使女性体内雌激素水平降低，恢复卵巢的正常机能，纠正内分泌失调，消除乳腺增生的隐患。碘还是体内合成甲状腺素的主要原料，而头发的光泽就是由体内甲状腺素发挥作用而形成的，所以多吃海带可以使头发充满光泽。

制作指导 将海带放在沸水中焯烫时，放点白醋不仅可以去除海带的腥味，还能够去除海带所含的黏液，煮熟的海带爽口不黏糊。

01 原料准备 地道食材原汁原味

海带500克，猪骨300克，老鸡肉300克，草果15克，白蔻10克，小茴香2克，红曲米10克，香茅5克，甘草5克，桂皮6克，八角10克，砂仁6克，干沙姜15克，芫荽子5克，丁香3克，罗汉果10克，花椒5克，葱结15克，蒜头10克，肥肉50克，红葱头20克，香菜15克，隔渣袋1个

02 调料准备 五味调和活色生香

盐30克，生抽20毫升，老抽20毫升，鸡粉10克，白糖、白醋、食用油各适量

03 做法演示 烹饪方法分步详解

1.锅中加入适量清水，放入洗净的猪骨、鸡肉。

2.小火熬煮大约1小时。

3.捞出鸡肉和猪骨，余下的汤料即成上汤。

4.把熬好的上汤盛入容器中备用。

5.把隔渣袋平放在盘中。

6.放入香茅、甘草、桂皮、八角、砂仁、干沙姜、芫荽子。

7.再倒入草果、红曲米、小茴香、白蔻、丁香、罗汉果。

8.最后放入花椒，收紧袋口，制成香料袋。

9.炒锅注油烧热，放入洗净的肥肉煎至出油。

10.倒入蒜头、红葱头、葱结、香菜，大火爆香。

11.放入白糖，翻炒至白糖熔化。

12.倒入备好的上汤，盖上锅盖，用大火煮沸。

13.取下盖子，放入香料袋，转中火煮沸。

14.加入盐、生抽、老抽、鸡粉，拌匀入味。

15.再盖上锅盖，转小火煮约30分钟。

16.取下锅盖，挑去葱结、香菜，即成精卤水。

17.将洗净的海带切成丝，入盘中备用。

18.另起一锅，加入适量清水烧开，加少许白醋。

19.倒入海带，用大火煮沸。

20.把焯过水的海带丝捞出，备用。

21.将卤水锅置火上，煮沸，放入海带。

22.加盖，慢火卤8分钟。

23.揭盖，把卤好的海带捞出。

24.装入盘中即可。

辣卤毛豆

La lu mao dou

烹饪时间	口味	功效
16.5分钟	辣	开胃消食

营养分析〉毛豆富含B族维生素、铜、锌、镁、钾、纤维素等成分。毛豆不含胆固醇，可预防心血管疾病，并降低癌症发生概率。此外，毛豆还富含不饱和脂肪酸和大豆磷脂，有保持血管弹性、健脑和防止脂肪肝形成的作用。

制作指导〉毛豆洗净后，再用粗盐揉搓几次，可以除去其细毛，卤熟的毛豆口感也更好。

01 原料准备 地道食材原汁原味

毛豆350克，干辣椒5克，草果10克，香叶3克，桂皮10克，干姜8克，八角7克，花椒4克，生姜片20克，葱结15克

02 调料准备 五味调和活色生香

豆瓣酱10克，麻辣鲜露5毫升，盐25克，味精20克，生抽20毫升，老抽10毫升，食用油适量

03 做法演示 烹饪方法分步详解

1.炒锅置于火上，倒入少许食用油，烧至三成热。

2.放入生姜片、葱结爆香。

3.放入草果、香叶、桂皮、干姜、八角、花椒，快速翻炒香。

4.放入豆瓣酱，炒匀。

5.锅中倒入约1000毫升清水。

6.加入麻辣鲜露。

7.放入盐、味精，淋入生抽、老抽。

8.拌匀至入味。

9.盖上锅盖，用大火煮沸，转小火煮约30分钟。

10.关火，即制成川味卤水。

11.汤锅中倒入适量川味卤水，大火煮沸。

12.再放入洗净的毛豆、干辣椒。

13.盖上盖，大火煮沸，转用小火卤煮约15分钟至熟透。

14.揭开锅盖，把卤好的毛豆捞出，沥干卤汁。

15.装入盘中即可。

卤蚕豆

Lu can dou

烹饪时间	口味	功效	适合人群
16分钟	咸	降低血压	老年人

营养分析 蚕豆含有较为齐全的氨基酸种类，而且粗纤维含量丰富，还含有少量维生素和钙、铁、磷、锰等多种营养元素。常食蚕豆可调整血压和预防肥胖。

制作指导 将蚕豆清洗干净后，把蚕豆壳拍破，再放入卤水锅中卤制，既能够使卤水的浓香味渗进蚕豆中，还能够节省卤制的时间。

01 原料准备 地道食材原汁原味

蚕豆300克，猪骨300克，老鸡肉300克，草果15克，白蔻10克，小茴香2克，红曲米10克，香茅5克，甘草5克，桂皮6克，八角10克，砂仁6克，干沙姜15克，芫荽子5克，丁香3克，罗汉果10克，花椒5克，葱结15克，蒜头10克，肥肉50克，红葱头20克，香菜15克，隔渣袋1个

02 调料准备 五味调和活色生香

盐30克，生抽20毫升，老抽20毫升，鸡粉10克，白糖、食用油各适量

03 做法演示 烹饪方法分步详解

1.锅中加入适量清水，放入洗净的猪骨、鸡肉。

2.盖上盖，用大火烧热，煮至沸腾。

3.揭开盖，撇去汤中浮沫。

4.再盖好盖，转用小火熬煮约1小时。

5.捞出鸡肉和猪骨，余下的汤料即成上汤。

6.把熬好的上汤盛入容器中备用。

7.把隔渣袋平放在盘中。

8.放入香茅、甘草、桂皮、八角、砂仁、干沙姜、芫荽子。

9.再倒入草果、红曲米、小茴香、白蔻、丁香、罗汉果。

10.最后放入花椒，收紧袋口，制成香料袋。

11.炒锅注油烧热，放入洗净的肥肉煎至出油。

12.倒入蒜头、红葱头、葱结、香菜，大火爆香。

13.放入白糖，翻炒至白糖熔化。

14.倒入备好的上汤，盖上锅盖，用大火煮沸。

15.取下盖子，放入香料袋，转中火煮沸。

16.加入盐、生抽、老抽、鸡粉，拌匀入味。

17.再盖上锅盖，转小火煮大约30分钟。

18.取下锅盖，挑去葱结、香菜，即成精卤水。

19.将洗净的蚕豆去除头尾，装入盘中待用。

20.净锅中倒入适量精卤水，大火煮至沸腾，放入蚕豆。

21.搅拌均匀，大火煮沸。

22.盖上盖，转中小火。

23.卤制约15分钟至入味。

24.关火，揭开盖，捞出卤好的蚕豆，沥干卤汁。

25.放入盘中，摆好盘即成。

卤豆角

Lu dou jiao

烹饪时间	口味	功效	适合人群
10.5分钟	咸	开胃消食	肠胃病者

营养分析 豆角的营养价值很高，含有大量的蛋白质、糖类、磷、钙、铁、维生素B₁、维生素B₂及膳食纤维等成分。豆角具有健脾补肾的功效，可辅助治疗消化不良，尤其适合脾胃虚弱所致的食积、腹胀者食用。

制作指导 豆角应清洗干净后再切段，这样可以避免豆角营养成分的流失。

01 原料准备 地道食材原汁原味

豆角300克，猪骨300克，老鸡肉300克，苹果15克，白蔻10克，小茴香2克，红曲米10克，香茅5克，甘草5克，桂皮6克，八角10克，砂仁6克，干沙姜15克，芫荽子5克，丁香3克，罗汉果10克，花椒5克，葱结15克，蒜头10克，肥肉50克，红葱头20克，香菜15克，隔渣袋1个

02 调料准备 五味调和活色生香

盐30克，生抽20毫升，老抽20毫升，鸡粉10克，白糖、食用油各适量

03 做法演示 烹饪方法分步详解

1.锅中加入适量清水，放入洗净的猪骨、鸡肉。

2.盖上盖，用大火烧热，煮至沸腾。

3.揭开盖，撇去汤中浮沫。

4.再盖好盖，转用小火熬煮大约1小时。

5.捞出鸡肉和猪骨，余下的汤料即成上汤。

6.把熬好的上汤盛入容器中备用。

7.把隔渣袋平放在盘中。

8.放入香茅、甘草、桂皮、八角、砂仁、干沙姜、芫荽子。

9.再倒入草果、红曲米、小茴香、白蔻、丁香、罗汉果。

10.最后放入花椒，收紧袋口，制成香料袋。

11.炒锅注油烧热，放入洗净的肥肉煎至出油。

12.倒入蒜头、红葱头、葱结、香菜，大火爆香。

13.放入白糖，翻炒至白糖熔化。

14.倒入准备好的上汤。

15.盖上锅盖，用大火煮沸。

16.取下盖子，放入香料袋，转中火煮沸。

17.加入盐、生抽、老抽、鸡粉，拌匀入味。

18.再盖上锅盖，转小火煮约30分钟。

19.取下锅盖，挑去葱结、香菜，即成精卤水。

20.把洗净的豆角切成4厘米长的段，备用。

21.卤水锅置于火上，用大火烧开。

22.再放入切好的豆角。

23.盖上锅盖，用小火卤10分钟至入味。

24.揭开盖，捞出卤好的豆角。

25.沥干后盛放在盘中，摆好盘即成。

卤扁豆

Lu bian dou

烹饪时间	口味	功效
12分钟	咸	开胃消食

营养分析 扁豆营养丰富，含蛋白质、脂肪、糖类、碳水化合物、热量、粗纤维，以及钙、磷、铁、锌等营养元素。扁豆是甘淡温和的健脾化湿药，能健脾和中、消暑清热、解毒消肿，适用于脾胃虚弱、水肿、白带异常的食疗，以及夏季暑湿引起的呕吐、腹泻、胸闷等病症的调理。

制作指导 烹饪扁豆前要把扁豆两侧的筋摘净，否则会影响口感。

01 原料准备 地道食材原汁原味

扁豆250克，猪骨300克，老鸡肉300克，草果15克，白蔻10克，小茴香2克，红曲米10克，香茅5克，甘草5克，桂皮6克，八角10克，砂仁6克，干沙姜15克，芫荽子5克，丁香3克，罗汉果10克，花椒5克，葱结15克，蒜头10克，肥肉50克，红葱头20克，香菜15克，隔渣袋1个

02 调料准备 五味调和活色生香

盐30克，生抽20毫升，老抽20毫升，鸡粉10克，白糖、食用油25毫升

03 做法演示 烹饪方法分步详解

1.锅中加入适量清水，放入洗净的猪骨、鸡肉。

2.盖上盖，用大火烧热，煮至沸腾。

3.揭开盖，撇去汤中浮沫。

4.再盖好盖，转用小火熬煮约1小时。

5.捞出鸡肉和猪骨，余下的汤料即成上汤。

6.把熬好的上汤盛入容器中备用。

7.把隔渣袋平放在盘中。

8.放入香茅、甘草、桂皮、八角、砂仁、干沙姜、芫荽子。

9.再倒入草果、红曲米、小茴香、白蔻、丁香、罗汉果。

10.最后放入花椒，收紧袋口，制成香料袋。

11.炒锅注油烧热，放入洗净的肥肉煎至出油。

12.倒入蒜头、红葱头、葱结、香菜，大火爆香。

13.放入白糖，翻炒至白糖熔化。

14.倒入准备好的上汤。

15.盖上锅盖，用大火煮沸。

16.取下盖子，放入香料袋。

17.盖上盖，转中火煮沸。

18.加入盐、生抽、老抽、鸡粉，拌匀入味。

19.再盖上锅盖，转小火煮约30分钟。

20.取下锅盖，挑去葱结、香菜，即成精卤水。

21.卤水锅置火上，用大火煮沸。

22.再倒入摘洗干净的扁豆。

23.盖上锅盖，转用小火卤10分钟至入味。

24.揭开盖子，捞出卤好的扁豆。

25.装入盘中，浇上少许卤汁，食用即可。

香卤豆干

Xiang lu dou gan

烹饪时间	口味	功效
17分钟	辣	清热解毒

营养分析 豆干中含有丰富的蛋白质、维生素A、B族维生素和多种矿物质，还含有人体必需的8种氨基酸，其比例也接近人体需要，营养价值较高。豆干质韧而柔、味咸鲜爽，闻之清香，食来细腻，具有益气宽中、生津润燥、清热解毒、调和脾胃等功效。

制作指导 如果喜欢味道较重的卤豆干，可以等卤汤变凉以后，再捞出豆干切条。

01 原料准备 地道食材原汁原味

豆干200克，猪骨300克，老鸡肉300克，草果15克，白蔻10克，小茴香2克，红曲米10克，香茅5克，甘草5克，桂皮6克，八角10克，砂仁6克，干沙姜15克，芫荽子5克，丁香3克，罗汉果10克，花椒5克，葱结15克，蒜头10克，肥肉50克，红葱头20克，香菜15克，隔渣袋1个

02 调料准备 五味调和活色生香

盐30克，生抽20毫升，老抽20毫升，鸡粉10克，白糖、食用油各适量

03 做法演示 烹饪方法分步详解

1.锅中加入适量清水，放入洗净的猪骨、鸡肉。

2.盖上盖，用大火烧热，煮至沸腾。

3.揭开盖，撇去汤中浮沫。

4.再盖好盖，转用小火熬煮大约1小时。

5.捞出鸡肉和猪骨，余下的汤料即成上汤。

6.把煮好的上汤盛入容器中备用。

7.把隔渣袋平放在盘中。

8.放入香茅、甘草、桂皮、八角、砂仁、干沙姜、芫荽子。

9.再倒入草果、红曲米、小茴香、白蔻、丁香、罗汉果。

10.最后放入花椒，收紧袋口，制成香料袋。

11.炒锅注油烧热，放入洗净的肥肉煎至出油。

12.倒入蒜头、红葱头、葱结、香菜，大火爆香。

13.放入白糖，翻炒至白糖熔化。

14.倒入准备好的上汤。

15.盖上锅盖，用大火煮沸。

16.取下盖子，放入香料袋，转中火煮沸。

17.加入盐、生抽、老抽、鸡粉，拌匀入味。

18.再盖上锅盖，转小火煮约30分钟。

19.取下锅盖，挑去葱结、香菜，即成精卤水。

20.将精卤水煮沸，放入豆干。

21.加盖，用小火卤制15分钟。

22.揭盖，把卤好的豆干捞出，放入盘中凉凉。

23.把豆干切成条。

24.将切好的豆干条装入盘中。

25.浇上少许卤汁即可。

卤腐竹

Lu fu zhu

烹饪时间	口味	功效	适合人群
11分钟	咸	健脑提神	老年人

营养分析 腐竹由黄豆制成，含有黄豆的营养价值，如黄豆蛋白、膳食纤维及碳水化合物等，对人体非常有益。腐竹具有良好的健脑作用，能预防"阿尔茨海默病"的发生，这是因为腐竹中谷氨酸含量很高，是其他豆类或动物性食物的2～5倍，而谷氨酸在大脑活动中起着重要作用。腐竹中所含有的磷脂还能降低血液中胆固醇的含量，有助于防治高脂血症、动脉硬化。

制作指导 腐竹先切段再入卤水中煮，比卤好后再切段更能入味。

01 原料准备 地道食材原汁原味

水发腐竹300克，猪骨300克，老鸡肉300克，草果15克，白蔻10克，小茴香2克，红曲米10克，香茅5克，甘草5克，桂皮6克，八角10克，砂仁6克，干沙姜15克，芫荽子5克，丁香3克，罗汉果10克，花椒5克，葱结15克，蒜头10克，肥肉50克，红葱头20克，香菜15克，隔渣袋1个

02 调料准备 五味调和活色生香

盐30克，生抽20毫升，老抽20毫升，鸡粉10克，白糖、食用油各适量

03 做法演示 烹饪方法分步详解

1.锅中加入适量清水，放入洗净的猪骨、鸡肉。

2.盖上盖，用大火烧热，煮至沸腾。

3.揭开盖，撇去汤中浮沫。

4.再盖好盖，转用小火熬煮约1小时。

5.捞出鸡肉和猪骨，余下的汤料即成上汤。

6.把熬好的上汤盛入容器中备用。

7.把隔渣袋平放在盘中。

8.放入香茅、甘草、桂皮、八角、砂仁、干沙姜、芫荽子。

9.再倒入草果、红曲米、小茴香、白蔻、丁香、罗汉果。

10.最后放入花椒，收紧袋口，制成香料袋。

11.炒锅注油烧热，放入洗净的肥肉煎至出油。

12.倒入蒜头、红葱头、葱结、香菜，大火爆香。

13.放入白糖，翻炒至白糖熔化。

14.倒入准备好的上汤。

15.盖上锅盖，用大火煮沸。

16.取下盖子，放入香料袋，转中火煮沸。

17.加入盐、生抽、老抽、鸡粉，拌匀入味。

18.再盖上锅盖，转小火煮约30分钟。

19.取下锅盖，挑去葱结、香菜。

20.即成精卤水，关火，盛出备用。

21.将腐竹切成2厘米的长段。

22.另起一锅，倒入精卤水煮沸，加入腐竹。

23.加盖，用小火卤制10分钟。

24.揭盖，把卤好的腐竹捞出。

25.将腐竹装入盘中即可。

辣卤豆筋

La lu dou jin

烹饪时间	口味	功效
16分钟	辣	增强免疫

营养分析 豆筋有着别的豆制品无法取代的特殊优点，其能量配比均衡，营养素密度更高。豆筋含有脂肪、蛋白质、糖类及维生素和矿物质元素。豆筋中还含有较多的膳食纤维，对促进肠胃的蠕动、提高食欲等都很有帮助。

制作指导 豆筋须用凉水泡发，这样可使豆筋的外表整洁美观。

01 原料准备 地道食材原汁原味

豆筋350克，干辣椒7克，草果10克，香叶3克，桂皮10克，干姜8克，八角7克，花椒4克，生姜片20克，葱结15克

02 调料准备 五味调和活色生香

豆瓣酱10克，麻辣鲜露5毫升，盐25克，味精20克，生抽20毫升，老抽10毫升，食用油适量

03 做法演示 烹饪方法分步详解

1. 锅中注油烧热，倒入生姜片、葱结，大火爆香。

2. 再放入干辣椒、草果、香叶、桂皮、干姜、八角、花椒炒香。

3. 转中小火，加入豆瓣酱，翻炒匀。

4. 注入大约1000毫升清水。

5. 放入麻辣鲜露。

6. 加入盐、味精，淋入生抽、老抽，拌匀入味。

7. 盖上盖，大火煮沸，再用小火煮约30分钟。

8. 关火，揭盖，即成川味卤水，备用。

9. 将洗净的豆筋切成细丝。

10. 装入盘中备用。

11. 汤锅中倒入适量川味卤水，煮沸后放入切好的豆筋。

12. 拌匀煮沸。

13. 盖上锅盖，转用小火卤制约15分钟至入味。

14. 取下锅盖，捞出卤好的豆筋。

15. 沥干汁水后将豆筋装在盘中。

16. 摆好盘即成。

卤豆腐皮

Lu dou fu pi

烹饪时间	口味	功效
12.5分钟	辣	提高免疫

营养分析 中医理论认为，豆腐皮性平味甘，有清热润肺、止咳消痰、养胃、解毒、止汗等功效。豆腐皮营养丰富，蛋白质、氨基酸含量高，是一种妇、幼、老、弱皆宜的食用佳品。孕妇产后食用豆腐皮，既能加速身体的复原，又能增加奶水。儿童食用豆腐皮能提高免疫能力，促进身体和智力的发展。老年人长期食豆腐皮，可以延年益寿。

制作指导 如果喜欢鲜辣的口味，可以加入老干妈辣酱拌匀，再浇上卤水。

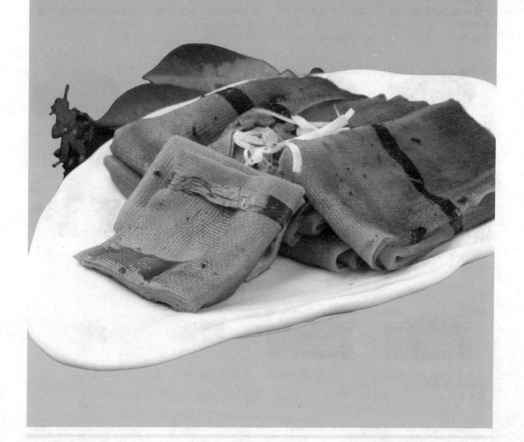

01 原料准备 地道食材原汁原味

豆腐皮300克，葱15克，猪骨300克，老鸡肉300克，草果15克，白蔻10克，小茴香2克，红曲米10克，香茅5克，甘草5克，桂皮6克，八角10克，砂仁6克，干沙姜15克，芫荽子5克，丁香3克，罗汉果15克，花椒5克，葱结15克，蒜头10克，肥肉50克，红葱头20克，香菜15克，隔渣袋1个

02 调料准备 五味调和活色生香

盐30克，生抽20毫升，老抽20毫升，鸡粉10克，白糖、食用油各适量

03 做法演示 烹饪方法分步详解

1.锅中加入适量清水，放入洗净的猪骨、鸡肉。

2.用小火熬煮约1小时。

3.捞出鸡肉和猪骨，余下的汤料即成上汤。

4.把熬好的上汤盛入容器中备用。

5.把隔渣袋平放在盘中。

6.放入香茅、甘草、桂皮、八角、砂仁、干沙姜、芫荽子。

7.再倒入草果、红曲米、小茴香、白蔻、丁香、罗汉果。

8.最后放入花椒，收紧袋口，制成香料袋。

9.炒锅注油烧热，放入洗净的肥肉煎至出油。

10.倒入蒜头、红葱头、葱结、香菜，大火爆香。

11.放入白糖，翻炒至白糖熔化。

12.倒入备好的上汤，盖上锅盖，用大火煮沸。

13.取下盖子，放入香料袋，转中火煮沸。

14.加入盐、生抽、老抽、鸡粉，拌匀入味。

15.再盖上锅盖，转小火煮约30分钟。

16.取下锅盖，挑去葱结、香菜，即成精卤水。

17.炒锅中加入适量清水烧开，加入少许食用油。

18.放入葱，烫软。

19.将葱捞出备用。

20.将豆腐皮切成方形，再折叠成块状。

21.用葱条绑好，入盘中备用。

22.另起一锅，倒入精卤水煮沸，放入豆腐皮。

23.加盖，用小火卤制10分钟。

24.揭盖，把卤好的豆腐皮捞出，凉凉。

25.将卤好的豆腐皮装入盘中，浇上少许卤汁即可。

香卤素鸡

Xiang lu su ji

烹饪时间	口味	功效	适合人群
16.5分钟	辣	降低血脂	高血脂患者

营养分析 > 素鸡中含有丰富的蛋白质，而且豆腐蛋白属于完全蛋白。素鸡不仅含有人体必需的8种氨基酸，而且其比例也接近人体需要，营养价值较高。素鸡含有的卵磷脂可除掉附在血管壁上的胆固醇，防止血管硬化，预防心血管疾病，保护心脏。

制作指导 > 斜刀切素鸡可以使得素鸡看起来更美观，同时使后来加入的卤水更容易入味。

01 原料准备 地道食材原汁原味

素鸡300克，猪骨300克，老鸡肉300克，草果15克，白蔻10克，小茴香2克，红曲米10克，香茅5克，甘草5克，桂皮6克，八角10克，砂仁6克，干沙姜15克，芫荽子5克，丁香3克，罗汉果10克，花椒5克，葱结15克，蒜头10克，肥肉50克，红葱头20克，香菜15克，隔渣袋1个

02 调料准备 五味调和活色生香

盐30克，生抽20毫升，老抽20毫升，鸡粉10克，白糖、食用油各适量

03 做法演示 烹饪方法分步详解

1.锅中加入适量清水，放入洗净的猪骨、鸡肉。

2.盖上盖，用大火烧热，煮至沸腾。

3.揭开盖，撇去汤中浮沫。

4.再盖好盖，转用小火熬煮约1小时。

5.捞出鸡肉和猪骨，余下的汤料即成上汤。

6.把熬好的上汤盛入容器中备用。

7.把隔渣袋平放在盘中。

8.放入香茅、甘草、桂皮、八角、砂仁、干沙姜、芫荽子。

9.再倒入草果、红曲米、小茴香、白蔻、丁香、罗汉果。

10.最后放入花椒，收紧袋口，制成香料袋。

11.炒锅注油烧热，放入洗净的肥肉煎至出油。

12.倒入蒜头、红葱头、葱结、香菜，大火爆香。

13.放入白糖，翻炒至白糖熔化。

14.倒入准备好的上汤。

15.盖上锅盖，用大火煮沸。

16.取下盖子，放入香料袋。

17.盖上盖，转中火煮沸。

18.加入盐、生抽、老抽、鸡粉，拌匀入味。

19.再盖上锅盖，转小火煮约30分钟。

20.取下锅盖，挑去葱结、香菜，即成精卤水。

21.将精卤水煮沸，放入素鸡。

22.加入盖，用小火卤制15分钟。

23.揭盖，把卤好的素鸡捞出，凉凉。

24.斜刀将素鸡片厚片。

25.将素鸡装入盘中，浇上少许卤水即可。

卤香菇

Lu xiang gu

烹饪时间	口味	功效	适合人群
12分钟	咸	降压降糖	老年人

营养分析〉香菇含有丰富的维生素D，能促进钙、磷的消化吸收，有助于骨骼和牙齿的发育。香菇具有补肝肾、健脾胃、益智安神、美容养颜之功效。香菇还含有30多种酶，能起到抑制胆固醇升高和降低血压的作用。

制作指导〉洗香菇时，把香菇泡在水里，使其根部朝下，然后用筷子轻轻敲打，使藏在香菇菌褶里的泥沙掉入水中，这样既能轻松地将香菇清洗干净，又可以保留香菇完整的形状。

01 原料准备 地道食材原汁原味

鲜香菇250克，猪骨300克，老鸡肉300克，草果15克，白蔻10克，小茴香2克，红曲米10克，香茅5克，甘草5克，桂皮6克，八角10克，砂仁6克，干沙姜15克，芫荽子5克，丁香3克，罗汉果10克，花椒5克，葱结15克，蒜头10克，肥肉50克，红葱头20克，香菜15克，隔渣袋1个

02 调料准备 五味调和活色生香

盐30克，生抽20毫升，老抽20毫升，鸡粉10克，白糖、食用油各适量

03 做法演示 烹饪方法分步详解

1.锅中加入适量清水，放入洗净的猪骨、鸡肉。

2.再盖好盖，转用小火熬煮约1小时。

3.捞出鸡肉和猪骨，余下的汤料即成上汤。

4.把熬好的上汤盛入容器中备用。

5.把隔渣袋平放在盘中。

6.放入香茅、甘草、桂皮、八角、砂仁、干沙姜、芫荽子。

7.再倒入草果、红曲米、小茴香、白蔻、丁香、罗汉果。

8.最后放入花椒，收紧袋口，制成香料袋。

9.炒锅注油烧热，放入洗净的肥肉煎至出油。

10.倒入蒜头、红葱头、葱结、香菜，大火爆香。

11.放入白糖，翻炒至白糖熔化。

12.倒入准备好的上汤。

13.盖上锅盖，用大火煮沸。

14.取下盖子，放入香料袋。

15.盖上盖，转中火煮沸。

16.加入盐、生抽、老抽、鸡粉，拌匀入味。

17.再盖上锅盖，转小火煮约30分钟。

18.取下锅盖，挑去葱结、香菜，即成精卤水。

19.将洗净的香菇切去根部，然后切成块。

20.装在盘中备用。

21.卤水锅置于火上，用大火煮至沸，放入切好的香菇。

22.拌匀，用大火煮至沸。

23.盖上盖，用小火卤10分钟至入味。

24.关火，取下锅盖，取出卤好的香菇。

25.沥干水分，放在盘中，摆好盘即成。

卤杏鲍菇

Lu xing bao gu

烹饪时间	口味	功效
16.5分钟	咸	增强免疫

营养分析 杏鲍菇含有丰富的蛋白质、碳水化合物、钙、磷及多种维生素，能增强免疫力，对体弱或病后需要调养的人十分有益。杏鲍菇还有调节体内糖代谢、降低血糖的作用，并能调节血脂，糖尿病人和高血脂患者适量多吃杏鲍菇，对病情有一定的辅助治疗作用。

制作指导 清洗杏鲍菇时，可以先把杏鲍菇放入淡盐水中浸泡片刻，以去除菇体中的异味。

01 原料准备 地道食材原汁原味

杏鲍菇200克，猪骨300克，老鸡肉300克，草果15克，白蔻10克，小茴香2克，红曲米10克，香茅5克，甘草5克，桂皮6克，八角10克，砂仁6克，干沙姜15克，芫荽子5克，丁香3克，罗汉果10克，花椒5克，葱结15克，蒜头10克，肥肉50克，红葱头20克，香菜15克，隔渣袋1个

02 调料准备 五味调和活色生香

盐30克，生抽20毫升，老抽20毫升，鸡粉10克，白糖、食用油各适量

03 做法演示 烹饪方法分步详解

1.锅中加入适量清水，放入洗净的猪骨、鸡肉。

2.盖上盖，用大火烧热，煮至沸腾。

3.揭开盖，撇去汤中浮沫。

4.再盖好盖，转用小火熬煮约1小时。

5.捞出鸡肉和猪骨，余下的汤料即成上汤。

6.把熬好的上汤盛入容器中备用。

7.把隔渣袋平放在盘中。

8.放入香茅、甘草、桂皮、八角、砂仁、干沙姜、芫荽子。

9.再倒入草果、红曲米、小茴香、白蔻、丁香、罗汉果。

10.最后放入花椒，收紧袋口，制成香料袋。

11.炒锅注油烧热，放入洗净的肥肉煎至出油。

12.倒入蒜头、红葱头、葱结、香菜，大火爆香。

13.放入白糖，翻炒至白糖熔化。

14.倒入备好的上汤，盖上锅盖，用大火煮沸。

15.取下盖子，放入香料袋，转中火煮沸。

16.加入盐、生抽、老抽、鸡粉，拌匀入味。

17.再盖上锅盖，转小火煮约30分钟。

18.取下锅盖，挑去葱结、香菜，即成精卤水。

19.卤水锅置于火上，用大火煮沸。

20.再放入杏鲍菇。

21.盖上盖，用小火卤15分钟至入味。

22.揭开盖，捞出杏鲍菇。

23.装入盘中凉凉。

24.把杏鲍菇对半切开，再改切成小块。

25.装入盘中，浇上少许卤汁即可。

卤木耳

Lu mu er

烹饪时间	口味	功效
16.5分钟	咸	防癌抗癌

营养分析 木耳营养丰富，除含有大量蛋白质、糖类、钙、铁及钾、钠、粗纤维、多种维生素等人体所必需的营养成分外，还含有卵磷脂、脑磷脂等。常吃木耳可抑制血小板凝聚，降低血液中胆固醇的含量，对冠心病、动脉血管硬化、心脑血管病患者颇为有益，并有一定的抗癌作用。

制作指导 水发的木耳如果有紧缩在一起的部分，要撕开，再进行卤制。

01 原料准备 地道食材原汁原味

水发木耳250克，猪骨300克，老鸡肉300克，草果15克，白蔻10克，小茴香2克，红曲米10克，香茅5克，甘草5克，桂皮6克，八角10克，砂仁6克，干沙姜15克，芫荽子5克，丁香3克，罗汉果10克，花椒5克，葱结15克，蒜头10克，肥肉50克，红葱头20克，香菜15克，隔渣袋1个

02 调料准备 五味调和活色生香

盐30克，生抽20毫升，老抽20毫升，鸡粉13克，白糖、食用油各适量

03 做法演示 烹饪方法分步详解

1.锅中加入适量清水，放入洗净的猪骨、鸡肉。

2.盖上盖，用大火烧热，煮至沸腾。

3.揭开盖，撇去汤中浮沫。

4.再盖好盖，转用小火熬煮约1小时。

5.捞出鸡肉和猪骨，余下的汤料即成上汤。

6.把熬好的上汤盛入容器中备用。

7.把隔渣袋平放在盘中。

8.放入香茅、甘草、桂皮、八角、砂仁、干沙姜、芫荽子。

9.再倒入草果、红曲米、小茴香、白蔻、丁香、罗汉果。

10.最后放入花椒，收紧袋口，制成香料袋。

11.炒锅注油烧热，放入洗净的肥肉煎至出油。

12.倒入蒜头、红葱头、葱结、香菜，大火爆香。

13.放入白糖，翻炒至白糖熔化。

14.倒入备好的上汤，盖上锅盖，用大火煮沸。

15.取下盖子，放入香料袋，转中火煮沸。

16.加入盐、生抽、老抽、鸡粉，拌匀入味。

17.再盖上锅盖，转小火煮约30分钟。

18.取下锅盖，挑去葱结、香菜，即成精卤水。

19.将木耳洗净，切小块。

20.装入盘中备用。

21.另起一锅，倒入精卤水煮沸，放入木耳、鸡粉，拌匀。

22.加盖，用小火卤制15分钟。

23.揭盖，把卤好的木耳捞出。

24.将木耳装入盘中即可。